U0192302

# 走向可持续——
# Construction21 国际“绿色解决方案奖”案例解析

中国建筑科学研究院有限公司　主编

中国建材工业出版社

**图书在版编目（CIP）数据**

走向可持续：Construction21 国际“绿色解决方案奖”案例解析 / 中国建筑科学研究院有限公司主编 .-- 北京：中国建材工业出版社，2023.8

ISBN 978-7-5160-3489-7

Ⅰ. ①走… Ⅱ. ①中… Ⅲ. ①生态建筑—建设设计—案例—中国 Ⅳ. ①TU201.5

中国版本图书馆 CIP 数据核字（2022）第 063457 号

走向可持续——Construction21 国际“绿色解决方案奖”案例解析

ZOUXIANG KECHIXU—CONSTRUCTION21 GUOJI“LÜSE JIEJUE FANG'ANJIANG”ANLI JIEXI

中国建筑科学研究院有限公司 主编

出版发行：中国建材工业出版社

地　　址：北京市海淀区三里河路11号

邮　　编：100831

经　　销：全国各地新华书店

印　　刷：北京天恒嘉业印刷有限公司

开　　本：889mm×1194mm　1/16

印　　张：12

字　　数：260千字

版　　次：2023年8月第1版

印　　次：2023年8月第1次

定　　价：198.00元

---

本社网址：**www. jccbs. com**，微信公众号：**zgjcgycbs**

# 编写委员会

# 序 PREFACE

在全球环境和资源危机日益加剧的大背景下，推动绿色发展，用最少资源环境代价获得最大经济社会效益，是世界各国的普遍共识。深化国际科技交流合作，推动科技创新，促进技术共享，是加速经济社会发展全面绿色转型的有效途径。

《2022年全球建筑建造业现状报告》指出，2021年建筑物、建筑能源消耗及工艺流程相关的二氧化碳排放量约占全球碳排放总量的37%，建筑业的绿色发展具有巨大的碳减排潜力和市场潜力。

新发展阶段，“绿色”已经成为我国城乡建设的底色。党的十八届五中全会确立了“创新、协调、绿色、开放、共享”的新发展理念，2016年发布的《中共中央、国务院关于进一步加强城市规划建设管理工作的若干意见》确立了“适用、经济、绿色、美观”的建筑方针，要求走出一条中国特色城市发展道路。2021年，中共中央办公厅、国务院办公厅印发了《关于推动城乡建设绿色发展的意见》，提出“到2035年，城乡建设全面实现绿色发展，碳减排水平快速提升，城市和乡村品质全面提升，人居环境更加美好，城乡建设领域治理体系和治理能力基本实现现代化，美丽中国建设目标基本实现”的总体目标。

中国建筑行业规模居世界首位，城镇总建筑面积约700亿平方米，建筑全过程碳排放总量占全国碳排放总量的比重超过50%，推动建筑业绿色发展是实现城乡建设领域碳达峰碳中和，统筹发展与安全，提升人民群众幸福感和获得感的重要路径。我国在低碳转型、技术创新、国际合作等方面做了长期投入和实质努力，建设高品质绿色建筑是关键举措。我国已在绿色技术、绿色产品、绿色标准、工程应用等方面实现了跨越式发展，形成了涵盖不同气候区和不同建筑类型的绿色建筑技术体系和标准体系，并大规模推广应用。由于我国幅员辽阔、地形复杂、气候多样、资源不均、文化迥异等因素，绿色建筑的技术创新和规模化应用形成了更丰富、更系统、更具经济效益的公共产品和技术经验，为推进全球绿色建筑发展提供了可参照、可复制的解决方案。

2017 年，中国建筑科学研究院有限公司开始承担 Construction21 国际“绿色解决方案奖”中国区项目的组织和推荐工作，以城乡建设绿色实践为对象，以互联互通为基础，通过理念、技术、管理等要素的共享，对标国际标准，发挥比较优势，树立标杆示范，扩大成果影响，推动国际交流与合作。该项工作开展以来，我国有 33 个项目入围国际奖，其中 4 个项目获国际奖第一名，获得国际专家认同且作为全球学习范例。在 Construction21 国际成立十周年之际，我司组织编撰《走向可持续——Construction21 国际“绿色解决方案奖”案例解析》，收录我国的优秀获奖项目，并对工程概况、建设理念、技术措施、综合效益进行详细阐述，客观呈现目前我国住房城乡建设领域的理念、技术和经验，对业界同行具有很好的参考借鉴作用。

树立国际视野，坚持绿色发展，是一项长期任务。中国建筑科学研究院有限公司将持续推进建筑业科技创新与国际交流合作，围绕绿色转型与发展需求贡献中国方案和经验，为全球绿色发展贡献中国力量。

中国建筑科学研究院有限公司 党委书记、董事长

2023 年 5 月 16 日

# 前言

FOREWORD

Construction 21 国际成立于 2012 年，是一个非政府、非营利性的国际组织，以应对气候变化为宗旨，专注于城乡建设领域可持续发展信息共享和教育，推广实用型的解决方案。Construction21 国际组织的“绿色解决方案奖”等“绿色行动”受到了法国环境和能源管理署，法国环境、能源和海洋部，卢森堡环保部，摩洛哥环保部，全球建筑联盟，国际区域气候行动组织，欧洲建筑性能研究院，法国建筑科学技术中心，德国可持续建筑委员会，法国埃法日集团、派丽集团、巴黎银行房地产公司等政府机构、国际组织和知名企业的支持。Construction21 国际以一个国际平台为枢纽，多个国家级平台为分支，目前已有中国、法国、德国、比利时、摩洛哥、阿尔及利亚等 11 个国家级平台。

Construction21 国际“绿色解决方案奖”已顺利举办八届，每届有近 30 个国家的 200 余个项目参与。该奖项面向建筑类、基础设施类和城区类项目，从可复制性、经济性、创新性、可持续效益四方面进行综合评估。其中，建筑类奖项包括绿色建筑、健康建筑、既有建筑绿色改造、生态建筑、循环建筑、节能建筑等；基础设施类奖项包括清洁能源、循环经济、垃圾处理、数字服务、水循环、生物多样性保护等；城区类奖项包括新建和改造的城区。考核指标包括资源利用和管理、环境影响和质量、成本控制和经济贡献、社会韧性和吸引力、推广价值和意义等。

2016 年，法国环境、能源和海洋部对 Construction21 国际开展的工作给予了充分肯定，强调了 Construction21 国际在树立可操作、可持续建筑和城市解决方案全球示范方面的重要贡献，并倡议推动中国平台的建设，以加强中法双边在城市可持续发展领域的合作。2017 年 3 月 23 日，Construction21（中国）成立，以中国建筑科学研究院有限公司为依托，为加强国内外技术成果、工程经验和标准化工作的交流，以及扩大我国建筑技术、优秀实践和创新产品的国际影响提供了新的平台。在“绿色解决方案奖”工作方面，Construction21（中国）推动国际奖评价技术指标采用我国《绿色建筑评价标准》（GB/T 50378）、《既有建筑绿色改造评价标准》（GB/T 51141）、《绿色生态城区评价标准》（GB/T 51255）、《健康建筑评价标准》（T/ASC 02）等技术标准的部分内容，增设健康建筑国际奖项，推动我国工程建设标准走出去。2017—2022 年间，中国区项目参与了第五届至第八届 Construction21 国际“绿色解决方案奖”工作，共有 33 个项目入围国际奖。其中，中国石油大厦、朗诗新西郊项目、天津市建筑设计院新建业务用房获得“健康建筑解决方案奖”国际奖第一名；中新天津生态城南部片区获得“可持续发展城区解决方案奖”国际奖第一名，取得了突出的成绩。

在 Construction21 国际成立十周年（2012—2022 年）之际，受国家重点研发计划项目“‘一带一路’共建国家绿色建筑技术和标准研发与应用”（项目编号：2020YFE0200300）的支持和资助，中国建筑科学研究院有限公司、健康建筑产业技术创新战略联盟、国家建筑工程技术研究中心、国家技术标准创新基地（建筑工程）绿色建筑专业委员会、Construction21 AISBL 联合组织编撰本书，通过解读 20 个不同类别的获奖项目，展示国际共识的可持续实践路径和社会效益，为业界同行提供技术指引和案例参照。

本书得到了各项目参与单位的大力支持，经编制组多次修改得以完成，在此致以衷心的感谢。同时，由于时间仓促和编者水平所限，书中难免存在疏忽和不足之处，恳请广大读者批评指正。

本书编委会

2023 年 5 月

# 目录 contents

# 中国石油大厦

管理单位：中油阳光物业管理有限公司北京分公司
项目地点：北京市东城区
项目工期：2004 年 11 月—2008 年 8 月
建筑面积：20 万 $m^2$
作　　者：张松、国凯、盖震、赵亮亮、白静中
　　　　　中油阳光物业管理有限公司北京分公司

**HEALTH & COMFORT**

The Health & Comfort Award
of the Green Solutions Awards 2017 is awarded to:

**CNPC Headquarters**

- Contractor: China Petroleum Building management Committee Office
- Facility manager: Zhongyou Soluxe Property Management Co. Ltd
  Beijing Branch

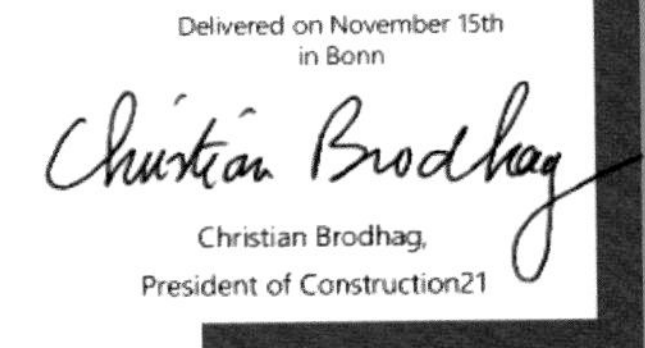

## 1　项目概况

中国石油大厦（以下简称“石油大厦”）位于北京市东二环快速路北段西侧、东直门桥西北角，与东直门交通枢纽相对，是一座集办公、生产指挥、会议、内部餐饮、内部文体活动、停车场于一体的大型多功能建筑（图 1）。其建筑面积约为 20 万 $m^2$，建筑高度为 90m，地上 22 层、地下 4 层，常驻办公人数 3500 人。

大厦从策划、设计、施工、调试到运行，都本着“绿色 + 健康 + 智慧”的建筑发展理念，建成了一座绿色、健康、智慧型建筑。目前，项目分别获得中国“三星级绿色建筑运行标识”“三星级健康建筑运行标识”“智能建筑创新工程”和美国“国际绿色建筑 LEED 金奖”，并在 2017 年获得第五届 Construction21 国际“绿色解决方案奖”——“健康建筑解决方案奖”第一名。

图 1　大厦外景图

## 2　可持续发展理念

现代建筑的发展理念是“绿色建筑 + 健康建筑 + 智慧建筑”。绿色建筑关注的是建筑与环境的关系，强调建筑与自然和谐共生；健康建筑除了要求节能与环保外，更关注建筑内人的体验，要求“以人为本”；智慧建筑则是保障建筑高效运行和实现高品质、高效率服务的手段。大厦经过不懈的努力，最终建成了“系统匹配，整体最优”的绿色、健康、智慧型建筑。

## 3　技术措施

大厦解决方案是在绿色建筑解决方案的基础上，着重从空气、水、舒适度、卫生防疫、饮食、健身、人文、服务等多方面入手进行综合研究，旨在提高办公人员办公环境水平。通过对大厦室内环境的不断改善，开展健康建筑的创新研究与实践。

### 3.1　空气

大厦应用系统工程的方法，采用封闭隔

离、加强过滤（两级静电除尘、活性炭吸附、紫外线杀菌）、光照氧化分解、新风稀释置换、气流组织、绿植光合吸收、空气离子化等多种系统配套的技术与措施净化室内空气，并采用多参数空气品质监测仪在线实时监控室内空气质量，确保室内空气质量持续达标。

### 3.1.1 室内空气净化的系统方法

细颗粒物（$PM_{2.5}$）及其复合污染物为大厦室内空气主要污染源。针对污染源的有效控制问题，在建筑结构和机电系统设计上，以及运维管理方面采取了一系列措施，形成了一整套对室内空气细颗粒物（$PM_{2.5}$）及其复合污染物的有效控制系统解决方案，全方位净化室内空气。

3.1.1.1 多功能空气净化器加强过滤

安装在屋顶新风取风口处的空气净化器由粗效过滤网、高压静电除尘装置和特制的活性炭滤网组成，其中粗效过滤网用于滤除新风中的大颗粒污染物，高压静电除尘装置用于去除新风中的细颗粒污染物，活性炭滤网用于吸附新风中超标的臭氧和光化学烟雾，对引入新风进行一级过滤净化。

安装在建筑层间空气处理机组上的空气净化器，由高压静电除尘装置、紫外线杀菌灯、活性炭滤网组成，对大厦办公室内人员自身产生和携带的皮屑、细菌、病毒以及二次扬尘污染和装修异味等有害物质，通过室内回风循环系统过滤、吸附、杀菌、去除异味的组合净化，对引入新风进行二级加强过滤净化。

3.1.1.2 空气离子化主动净化室内空气

室内循环风量小、漆面家具多、装修复杂的局部空间存在异味及污染严重问题，在此类空间的送风管道中加装空气离子化设备，双极电离空气产生正、负离子簇，加强对被污染空气的解毒（分解甲醛、TVOC 等）、去除异味和杀菌，进一步快速主动净化室内空气。

3.1.1.3 双层内呼吸式玻璃幕墙封闭隔离

大厦建筑外围护结构采用双层内呼吸式玻璃幕墙，起到隔热、隔尘、隔声和降低太阳光辐射热的作用。由于封闭式幕墙良好的气密性，有效地阻挡了室外被污染的空气直接进入室内。

3.1.1.4 各类对应措施避免二次扬尘污染

大厦的保洁、碎纸采用中央吸尘系统，灰尘和纤维粉尘通过气力负压密闭管道在地下室机房集中收集，避免了手持吸尘器二次扬起粉尘污染室内空气。同时对办公垃圾、纸质垃圾和厨余垃圾等分类处理，独立管道气力收集、密闭储运，避免垃圾储运过程中对室内空气的二次污染。

3.1.1.5 特殊区域设置独立排风系统，避免异味扩散

厨房、卫生间、吸烟室、垃圾系统、吸尘及碎纸系统分别设置独立的排风系统，避免异味和细颗粒物通过空调通风系统向其他空间扩散。

地下车库利用 CO 浓度监测自动调控通风系统的启停（图 2），引入新风稀释和置换车库中被污染的空气并独立地排出室外，进一步提高环境的健康标准。

图 2　地下车库

3.1.1.6 合理的气流组织避免交叉污染

通过合理的气流组织，实现空间的正负气压调控。办公空间保持微正压，厨房、卫生间、吸烟室等空间保持微负压，避免不同功能空间的空气交叉污染和串味。在空间正负气压调控的同时，为防止卫生间等处排水地漏反味，还配套安装了自闭合的硅胶防臭地漏芯。

大厦还配套了散尾葵、虎尾兰、绿萝等绿色植物，按照一定密度合理摆放在相关空间，利用植物的光合作用净化室内空气，可相应减少从室外引入新风而节省动力消耗。

### 3.1.2　室内空气的质量监控

为了保证室内空气质量持续达标，现场设置了多参数在线空气品质监测仪，对室内空气的质量参数实现在线实时监测（图 3）。大厦将室内空气质量的监测与控制分为在线实时监测、移动检测和定期普查三个层次，实现空气质量监测方法的组合与互补，以确保监测数据的精准。

图 3　手持移动检测仪

### 3.1.3　室内空气质量的控制效果

采用同一空调区域不同位置的室内空气的 $CO_2$ 浓度、TVOC 浓度、$PM_{2.5}$ 浓度、温度、相对湿度监测数据中的最不利值，自动调控空调机组的新风量、送风量、送风温度、加（除）湿量、高压静电除尘器的启停等，既能确保室内空气清新，又能做到节能。通过对空调机组的实时调控，实现室内空气的 $CO_2$ 浓度 ≤ 0.07%、TVOC 浓度 ≤ $0.3mg/m^3$、$PM_{2.5}$ 全年平均浓度≤ $4.07\mu g/m^3$。

## 3.2 水

### 3.2.1 分质供水

大厦供水系统按照用途不同，实行分质供水——直饮水系统、生活水系统、中水回收系统及其水质监测的建设与运行管理。

#### 3.2.1.1 直饮水系统

配套建设的直饮水系统，将市政供水深度净化后引入楼层，各层均设置即热式开水器，可 24 小时提供常温纯净水及开水（图 4）。使用时即开即用，不用时直饮水在密闭管道系统中循环，进行连续杀菌和过滤处理，始终保持管道系统中的水质纯净。

#### 3.2.1.2 生活水系统

大厦的生活用水直接取自市政水管网，中间不设水箱，充分利用市政水系统供水。建筑低层用户由管网压力直接密闭供水，中、高层用户则采用无负压给水装置接力供水，实现系统节能、密闭、健康给水，降低大厦二次供水过程中的污染风险。生活热水的热源为市政供热，通过半容积式换热器组将自来水循环加热至 55℃，供给卫生间洗手盆、淋浴间、美发室、后厨，终端热水与冷水掺和调温使用。当终端水龙头在不使用期间，生活热水在终端支管处循环，系统维持加热保温，保持生活用水的使用温度，随时开启终端水龙头都能有热水流出。

图 4　直饮水系统

3.2.1.3 中水回收系统

中水回收系统将大厦内的保洁、洗漱、淋浴等废水进行收集处理（图 5）。处理后的中水用于卫生洁具冲洗、绿地灌溉等；雨水回收系统将经过滤回收的雨水一部分用于绿植灌溉，剩余部分则导入中水系统，用于补充中水；回收空调机组产生的冷凝水，利用其低温、洁净的特点，直接为空调冷却塔补水，从而节省冷却塔因蒸发造成的自来水补充水量的消耗和风扇电机的耗电。

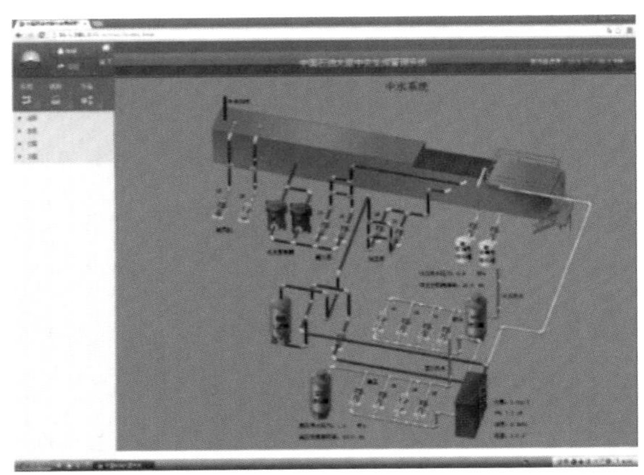

图 5　中水回收系统

### 3.2.2　水质监测

大厦每季度请第三方有资质的单位对各类用水取样进行水质检测，现场建立直饮水、生活水和中水的在线监测系统，实时监测水体的电导率、浊度、pH 等指标，并公开各类用水水质的各项监测结果。

## 3. 3　舒适

### 3.3.1　声环境

大厦建筑外围护结构采用双层幕墙，具有良好的隔声效果，在外部噪声 70~80dB 的环境下，室内噪声绝大多数房间均可控制在 40dB 以内；大厦采用封闭、隔声、吸声、减震等技术措施隔离室内安装设备及特殊功能房间（如机房、报告厅等）产生的运行噪声扩散；通过禁用或集中封闭隔声措施避免室内非安装设备产生噪声。

### 3.3.2　光环境

3.3.2.1 智能照明控制技术

全面应用智能照明控制技术。采用 Dali 数字调光的照明控制系统，实现单灯调光 + 光照补偿 + 动静探测 + 面板控制 + 时间管理 + 中央监控，与电动遮阳百叶间接联动，天然采光和人工照明动态调节相结合，保持照明系统光线照度恒定，既确保了光线舒适度又实现了照明节电 40% 以上。

3.3.2.2 自然采光技术

大厦采用“L”形母体结构，扩大外墙与自然接触面积，有效增加了自然采光面积；大厦建筑外围护结构采用双层呼吸式玻璃幕墙，透光面积大，透光效果良好，安装在双层幕墙空腔内的阳光跟踪型百叶窗帘，除了遮挡阳光外，还能最大限度地通过调光和漫反射将自然光引入室内，提高办公环境的光线舒适度；大厦中央设置采光井（主中庭和侧中庭），主中庭东、西面墙全部采用通透的索网式超白玻璃幕墙，主中庭和侧中庭的屋面采用可开启的透明玻璃采光屋顶，最大限度地引进天然光，使得内区房间也有天然采光；大厦地下一层员工餐厅东墙外设置下沉庭院，地下室东侧封闭外墙为落地采光玻璃窗墙，增加天然采光、自然通风和景观（跌水和垂直绿化）的效果，使得地下一层空间也能充分利用天然光源，极大地改善了就餐环境。

3.3.2.3 人本节律照明技术

大厦采用智能动态调控室内人工光的色温变化，通过模拟“日出而作、日入而息”的不同光的色温，产生“光生物效应”，潜移默化地影响和调节人们的生物节律，让室内人工照明能够促进人们心理和生理的健康，以人为本。

### 3.3.3 热、湿环境

大厦用幕墙内侧玻璃表面温度自动调控幕墙内腔通风量，有效地将阳光辐射产生的热量排出室外，确保室内空间的热舒适度，大大降低了幕墙附近工作人员的灼热感。通过智能控制改变末端送风量以调节室内温度，确保室内温度基本恒定。

利用湿度监测值自动调控室内湿度。冬季调节空调加湿量以控制室内湿度，夏季在一定范围内通过调节送风温度控制室内湿度。低温送风不仅能提高空调的除湿效率，还能有效抑制细菌及微生物的滋生，确保室内湿度基本稳定（图6、图7）。

图6　双工况制冷机组

图7　制热机房

## 3.4 卫生防疫

### 3.4.1 防控水系统“军团菌”的滋生与扩散

大厦对不同的水系统采用了不同的控制“军团菌”的设计。大厦二次总供水系统采用紫外线杀菌。对于直饮水系统，一是让管道中存水保持流动状态，用户使用量少时，净化水常态化循环过滤净化、杀菌，保持管道中滞水水质始终达标；二是控制水系统温度低于20℃，制约“军团菌”的生存环境；三是常态杀菌，除了两道紫外线灯杀菌外，在紫外线灯前还装有精密过滤器，此外在循环净化水储罐回水口处的紫外线灯后加装了一套臭氧发生器，当节假日期间水消耗量少、水系统温度超过20℃时，再启动臭氧发生器强化灭菌。对于生活热水系统，采用“热冲击消毒法”，即定期使用70℃以上的热水冲洗管道积存的杂质和病菌，确保杀灭系统中的“军团菌”。对于空调冷却水系统，采用“光催化高级氧化技术”杀灭“军团菌”，避免化学添加剂产生的二次污染和异味。

### 3.4.2 防控空气传播的恶性病毒交叉感染

特殊时期中央空调采取“全新风”运行模式，防止空气中病菌交叉感染。平时对一般性以空气为媒介的流行性传染病，采用紫外线杀灭中央空调回风系统中的病菌；在国家发布疫情紧急状态的特殊时期，为了继续保持室内环境的热舒适度，在空调不能停运的情况下，中央空调系统可以改为“全新风”运行模式，将回风全部高空排放，避免室内空气中的病菌通过回风返回室内。采用离子技术净化空气，使部分空间不仅提高了建筑的防疫能力，还能比“全新风”运行大幅降低能耗。

### 3.4.3 避免卫生洁具接触性交叉感染

采用无接触或非直接接触的卫生洁具。公共卫生间洗手盆采用感应出水和皂液给水器具及皂液盒；小便斗采用感应冲水的立式小便器；坐便器使用智能感应自动更换座圈垫套的马桶（图8），每人一套，一用一换，以避免人与座圈的直接接触。这些措施有效地避免了接触交叉感染，提高了公共设施的健康标准。

## 3.5 餐饮

确保餐饮食品的绿色健康，控制餐饮食材采购源头绿色，在烹饪前坚持对原材料进行农药残留物、虫卵和细菌含量检测，确保员工“舌尖”上的安全。对自助餐的每道菜肴、食品都明确标出食品的营养含量（如脂肪、糖、蛋白质、主要维生素等）、热值（卡路里）和过敏源，建议员工根据身高、体重、年龄和活

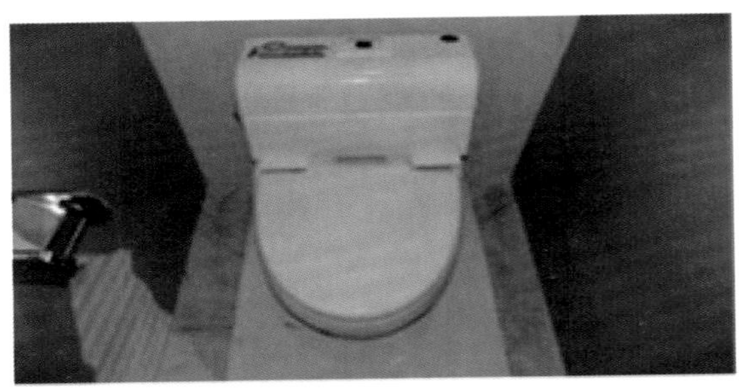

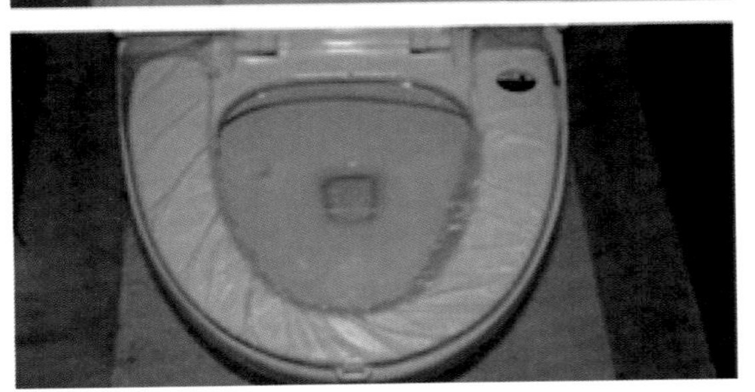

图8 感应换座圈套的马桶

动量等自身情况数据，通过数学模型科学计算得到每天应该摄取的能量（卡路里），合理选配食品，健康用餐（图 9）。

## 3.6 健身

大厦内配套各类室内健身场所，方便驻厦人员业余健身（图 10）。大厦内还建有近 5000m$^2$ 的连续贯通的共享空间，为驻厦人员提供工间散步、交流和健走运动的室内场地。特别是当室外空气污染严重、气候恶劣时，方便驻厦人员室内运动。

## 3.7 人文

大厦通过设计、技术的处理措施，提供舒适的人文环境，以促进使用者的身心健康。

穿插在大厦内每层办公区中的跃两层的错动空间，如南北二层的步行长廊，为员工和来宾提供了良好的休闲、歇息和交流的室内活动场所。在南北二层侧边厅各设置一个中国石油展览厅，展示中国石油古代、近代和现代的发展史，同时在北侧设立石油书店，内部展销石油人自己的各类图书杂志，并提供免费阅览服务，同时大厦内部的挂件、摆件等饰品均采用

图 9　健康餐饮

图 10　运动场馆

石油员工所创作的作品，增加了大厦文化艺术的底蕴，提升了大厦的文化氛围。

### 3.8 其他

其他设施便捷，方便用户操作。室内光照度人为设定；室内温度自主调节；窗帘和灯光可现场调控；门禁读卡器个性化服务（可自行设置和解除设防）；选用 IC+ID 复合卡（实现一卡多用）；实现桌面电脑个性化服务（VOD 点播）；实现公共区域移动办公；配套残疾人设施。同时建设地铁通道，设置自行车存车库，鼓励驻厦人员低碳出行。大厦空间的中部地带设有自助医务保健站，内部设有专业的医疗卫生机构，满足驻厦人员一般疾病的诊治、开药和紧急救护需求（图 11）。在每个餐厅出入口处配置数字体重磅秤，辅助就餐人员调整配餐，控制体重等。

## 4 参与单位工作介绍

中油阳光物业管理有限公司北京分公司成立于 2008 年 7 月，负责中国石油天然气集团有限公司总部大楼——中国石油大厦的会议服务、职工餐饮、访客接待、安保消防、设备运维、绿化保洁等 17 项服务保障工作。公司下设行政事务部、人力资源部、财务部、质量控制部、安委会办公室、党群和工会工作办公室等 6 个职能部门，以及设施服务部、管家部、会议服务部等 6 个运行部门。下设北京建筑设计研究院有限公司 C 号楼等 6 个外部市场项目。

## 5 总结

中国石油大厦成功配套了三十多项先进技术与设施，提高了建筑的健康水平，从而满足各类人员对安全、环保、健康、便捷、智能、舒适的人性化需求，确保各类人员都能在健康舒适的环境下工作，使工作人员精力充沛和情绪饱满地投入到工作中，提高了全体人员的工作效率。

中国石油大厦作为面向世界的特大型企业的办公中枢，参照国际、国内的标准，采用了先进的新技术、新材料、智能化等多项措施，落实以人为本的理念，降低能源消耗，提高能源利用效率，降低运行费用，是健康建筑的创新实践。

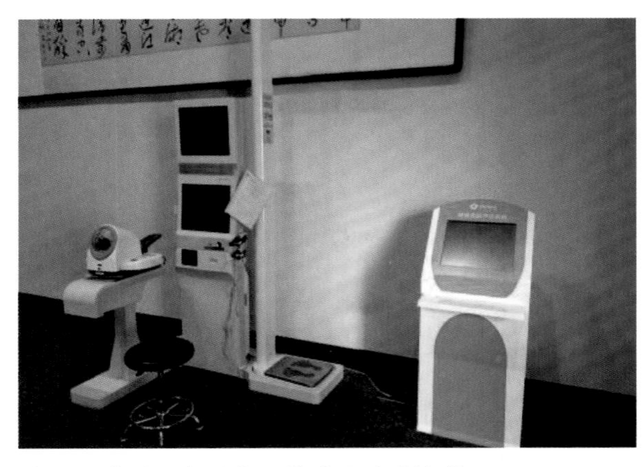

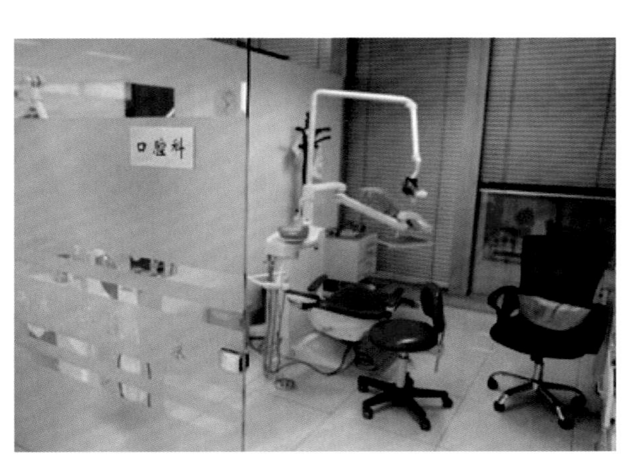


图 11 自助医务服务保健站及医疗诊所

# 上海朗诗新西郊

建设单位：朗诗控股集团
咨询单位：上海朗绿建筑科技股份有限公司
项目地点：上海市长宁区
项目工期：2016 年 3 月—2018 年 6 月
建筑面积：16994m$^2$

作　　者：曾剑龙、王博、韦邵辰、刘博宇、文涛
上海朗绿建筑科技股份有限公司

**HEALTH & COMFORT**

The Winner of Health & Comfort Award
of the Green Solutions Awards 2018 is awarded to:

**Landsea New Mansion**

- Contractor: Landsea Green Group Co., Ltd.

With the support of

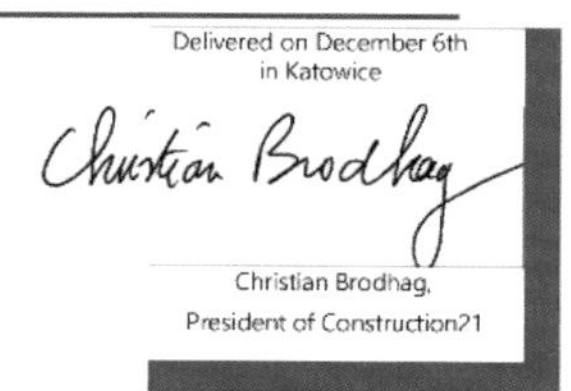


EIFFAGE

# 1　项目简介

上海朗诗新西郊项目（以下简称“新西郊项目”）位于上海市长宁区仙霞路与青溪路的交会点，由朗诗控股集团投资建设，上海朗绿建筑科技股份有限公司承担绿建咨询工作，香港第一太平戴维斯、贝尔高林国际（香港）有限公司承担运营工作，总占地面积 134433m$^2$，建筑面积 16994m$^2$。2018 年该项目荣获第六届 Construction21 国际“绿色解决方案奖”—“健康建筑解决方案奖”国际第一名。此外，该项目还获得三星级健康建筑设计标识、WELL 金级认证、华夏好建筑示范项目等多项国内外权威认证和奖项。该项目属于老旧建筑改造项目，原为酒店公寓，改造为住宅。朗诗在新西郊项目中实现了各项国内外健康标准的运用，通过被动式建筑技术实现建筑节能，在实际应用中践行“以人为本”的企业理念，在满足人们对住宅基本居住功能和审美需求的基础上，更加注重健康、舒适、节能、环保、智能等维度的综合平衡（图 1~ 图 7）。

图 1　社区入口实景图

图 2　立面改造前

图 3　立面改造后

图 4　室内改造前

图 5　室内改造后

图 6　日景透视效果图

图 7　卧室装饰装修图

## 2　可持续发展理念

从项目定位到设计实施、运营，新西郊项目始终坚持可持续发展理念，全面提升住宅品质，从而满足用户日益增长的对高品质居住环境的需求，具体表现为以下几个方面：

节能减碳：该项目采用优异的围护结构（含外窗）设计、高能效冷热源设备等多项节能减碳技术措施，运行阶段采暖供冷能耗较改造前下降 40% 以上，年总减碳量为 170t $CO_2$。

健康呼吸：完善的甲醛控制体系可保证室内甲醛、VOC、苯等污染物浓度控制达到芬兰 S1 级标准，远超国家标准；超洁净新风系统可控制 $PM_{2.5}$ 浓度、$CO_2$ 浓度等，均达到室内健康标准。

健康用水：厨房净水软水系统（图 8），保证直饮水龙头出水可直接饮用（图 9），软水保证洗浴舒适，并提供 24h 生活热水需求。

环境舒适：被动式设计结合毛细管辐射 + 下送上回置换式新风系统，可保证全年温度控制在 24~28 ℃（夏季）/18~24 ℃（冬季），相对湿度范围控制在 30%~70%，送风风速 ≤ 0.3m/s，避免传统空调的温度分布不均和强烈吹风感导致的人体不适。

健康休息：隔声降噪设计可保证室内居住者不被外界噪声打扰。

健康生活：设置专业健身场地（图 10）、中央景观庭院（图 11）、机械停车库（图 12）、口袋公园（图 13）、儿童活动区（图 14），方便住户养成健康的生活习惯，为住户、儿童提供休闲及交流的空间。

图 8　厨房净水系统装修图

图 9　直饮水设备图

图 10　健身场地

图 11　中央景观庭院

图 12　机械停车库

图 13　口袋公园

图 14　儿童活动区



## 3　技术措施

该项目通过朗诗差异化的产品技术对新西郊进行绿色、健康改造，共采用 4 大技术革新（被动式建筑技术、智能化家居技术、甲醛控制技术、超洁净新风技术）和 15 大科技系统（外围护保温系统、超密封门窗系统、外遮阳百叶系统、空气源热泵系统、毛细管辐射系统、三效新风过滤系统、踢脚线送风系统、厨房补风系统、隔声降噪系统、芬兰 S1 级甲醛控制系统、智能化显示与控制系统、新风量智能调节系统、大容量收纳系统、24h 热水系统、净水软水系统）（图 15）。

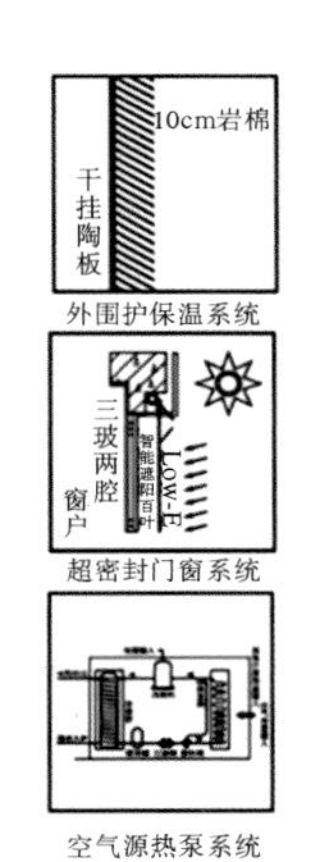


| 4大技术革新和15大科技系统 | | | |
|---|---|---|---|
| 被动式建筑技术 | 超洁净新风技术 | 甲醛控制技术 | 智能化家居技术 |
| 外围护保温系统 | 三效新风过滤系统 | 芬兰S1级甲醛控制系统 | 智能化显示与控制系统 |
| 超密封门窗系统 | 踢脚线送风系统 | | 大容量收纳系统 |
| 空气源热泵系统 | | | |
| 毛细管辐射系统 | 厨房补风系统 | | 净水软水系统 |
| 外遮阳百叶系统 | | | |
| 隔声降噪系统 | 新风量智能调节系统 | | 24h热水系统 |

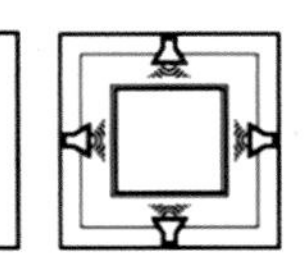


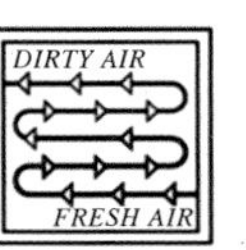


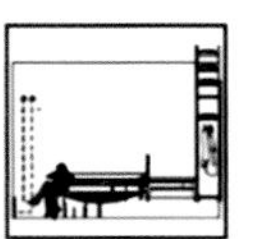

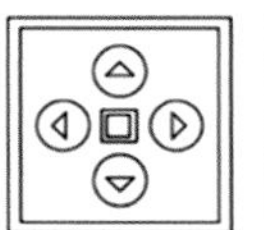


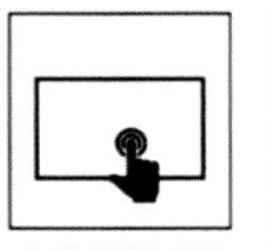

图 15　上海朗诗新西郊项目技术体系

## 3.1 被动式建筑技术

### 3.1.1 外围护结构系统

该项目对原建筑外围护系统进行全面改造，屋面采用 10cm 厚挤塑聚苯乙烯泡沫板保温；外墙增加 10cm 岩棉结构保温，外立面干挂陶板；外窗采用三玻两腔 Low-E 涂层铝木复合窗（5Low-E+12A+5+12Ar+5 中透光），综合遮阳系数（除北窗）均为 0.25；阳台采用高隔热性能推拉门，水密性能达到 9A 级，传热系数 <1.3W/（$m^2$ · K）；楼板结构实现自遮阳、局部采用遮阳百叶（图 16~图19）。改造前后建筑围护结构配置，见表 1。

表 1 改造前后建筑围护结构配置

| 项目 | 改造前配置指标 | 改造后配置指标 |
|---|---|---|
| 屋面 | $K \leqslant 3.64$W/($m^2$ · K) | $K \leqslant 0.40$W/($m^2$ · K) |
| 外墙 | $K$=1.70W/($m^2$ · K) | $K \leqslant 0.30$W/($m^2$ · K) |
| 外窗 | $K_{玻璃}$=1.96W/($m^2$ · K)<br>$g$=0.69<br>$K_{型材}$=3.63W/($m^2$ · K) | $K_{玻璃} \leqslant 1.8$W/($m^2$ · K)<br>$g \geqslant 0.54$<br>$K_{型材} \leqslant 0.9$W/($m^2$ · K) |
| 遮阳 | 无 | 南立面设置外遮阳百叶系统 |

图 16 建筑外墙

图 17 建筑外窗

图 18 遮阳百叶

图 19 建筑自遮阳

### 3.1.2 空气源热泵系统 + 毛细管辐射系统

采用温湿度独立控制技术，末端采用顶棚毛细管（图 20），供回水温度为 18~21℃（夏季）/32~35℃（冬季），室内温度全年可保持在舒适区间，且每个角落都能维持在适宜的温度，温度分布更均匀舒适，避免传统空调的强烈吹风感和室内温度分布不均等问题。每栋楼集中设置风冷热泵为冷热源，设备 COP 为 5.1（制冷）/5.4（制热）。系统分户可独立调节，避免集中系统不可调节的弊病。

图 20 顶棚辐射采暖制冷系统示意图

### 3.1.3 隔声降噪设计

严控室外噪声：车行道植物景观配置及车库外墙垂直绿化，采用隔声性能优异的外门窗产品，使用噪声最小的机械停车产品，屋面设备按单元分散设置，并对屋面设备做好降噪隔震处理。

户间隔声：采用隔声毡作为分户间隔声材料，房门使用隔声性能好的产品，户内局部活动区域增设地毯。

室内静音措施：选用静音墙排马桶，户内房间门采用静音门锁及五金，增设门下隔声防尘条，新风系统采取隔声措施。

## 3.2 超洁净新风技术

该项目采用 VTS 全热转轮热回收新风系统（新风量 8000m$^3$/h，热回收效率 70%），对温度、湿度实施精确控制（含除湿模块，全年相对湿度范围控制在 30%~70%），整套过滤系统包含：G4 粗效过滤器 + 板式静电过滤器 +H11 亚高效过滤器，过滤效率高达 95% 以上（图 21）。

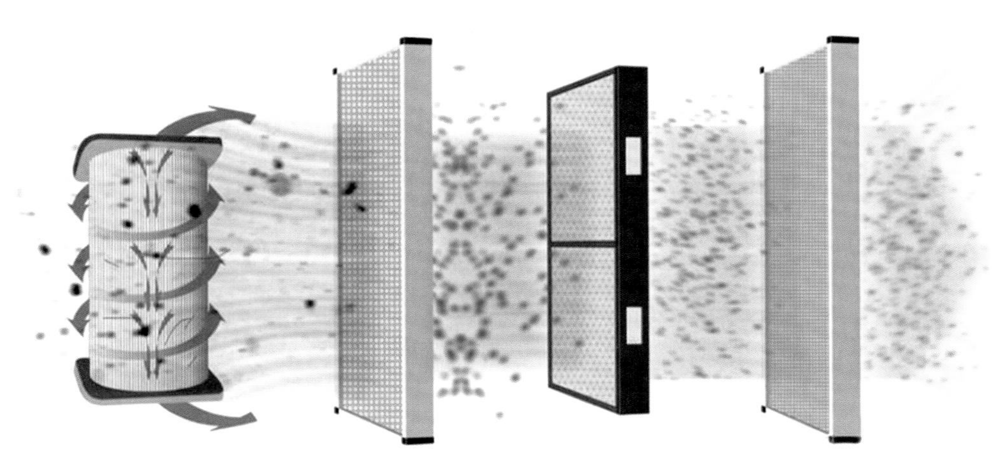

图 21 新风过滤过程示意图

新风系统对湿度进行独立控制，避免了传统空调除湿造成的室温过低现象的发生。新风置换系统中新风机为带全热回收装置的新风处理机，新风机组设回风机段、初高效过滤段、静电除尘段、全热回收段、表冷加湿段、送风机段、消声段、检修中间段等功能段。新风通过竖井内的新风干管与布置于吊顶内的送风支管从踢脚线送风口送入每套住宅的卧室、起居室（图 22）。排风口设于卫生间与厨房顶部，住宅总排风量约为新风量的 80%。

图 22　踢脚线送风现场图

## 3.3　甲醛控制技术

严苛的甲醛控制系统：设计选材→采购管理→施工管理→材料检测→现场监管→长期监测。全过程严格把控，确保室内空气中甲醛含量≤ 0.03mg/m$^3$，符合世界最严苛的芬兰 S1 级标准，确保居室环境健康。朗诗严格遵守绿色供应链的原则，对各项材料的选购进行严格的控制和监督，从源头进行污染防控，全过程进行污染物浓度监管，保障最终控制效果。

## 3.4　智能化家居技术

### 3.4.1　智能化显示与控制系统

该项目设置室内智能控制面板、入户智能朗诗屏显示（图 23、图 24），实现室内环境监测＋智能家居＋智能安防＋可视化对讲等功能。入户部分设置全屋信息中心屏、中控主机、系统电源模块、交换机、控制箱体等；空气监测部分设置多参数传感器、$PM_{2.5}$ 传感器、甲醛传感器、空气传感器电源等；智能家居部分设置导轨式电源控制器、低压灯光调光驱动器、两路可控硅调光器、总线型电动窗帘、窗帘导轨、智能按键面板、移动探测器、照度传感器等；暖通控制部分设置温湿度传感器、风阀控制盒等；安防部分设置幕帘红外探测器、煤气报警探测器、紧急按钮、报警控制器、红外探测器等。

图 23　朗诗屏显示界面

图 24　朗诗屏效果图

### 3.4.2　净水软水系统 + 生活热水系统

全屋净水包括直饮水系统和软水系统。直饮水系统采用国际先进的分质供水理念和成熟工艺设备，对屋内净水进行更深层次的净化。该项目全天候供应热水，水量充足，使用便捷。淋浴供水压力控制在 0.2~0.35MPa，保证淋浴舒适性（图 25）。

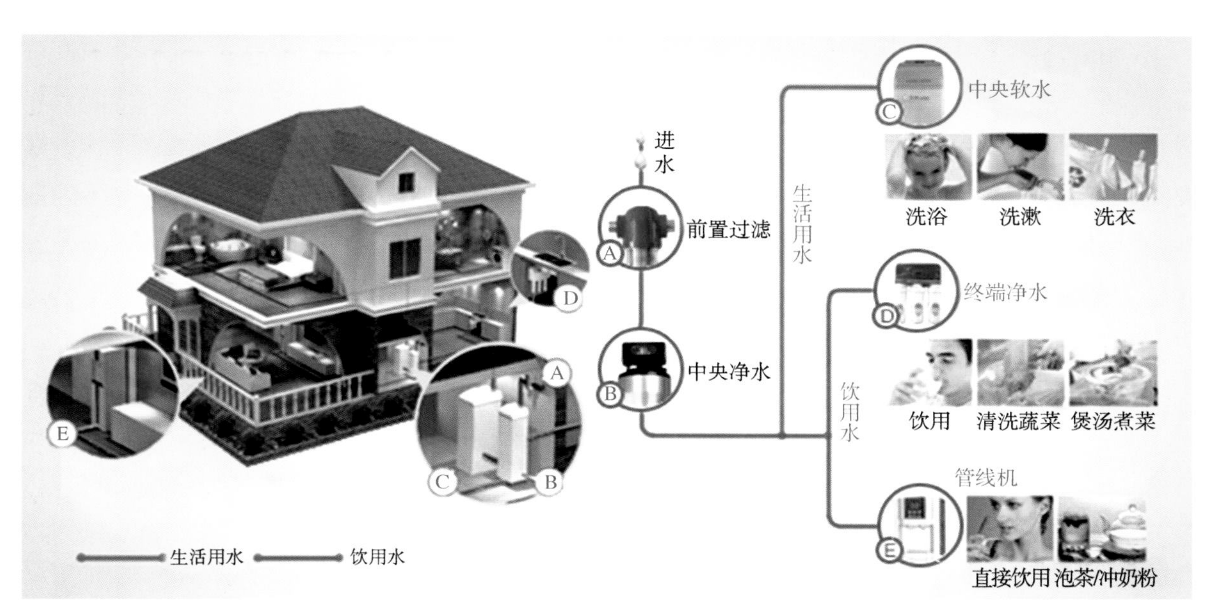


图 25　全屋净水系统和生活热水系统示意图

## 4　参与单位工作介绍

上海朗绿建筑科技股份有限公司承担新西郊项目的绿建咨询工作，为项目提供差异化的绿建解决方案。策划阶段，提供项目定位建议、技术建议、经济性测算等方面的支持内容；方案阶段，通过计算机仿真技术对社区环境进行分析，优化楼栋布置，并对室内环境进行分析，优化围护结构的热工参数、气密性能等级，确定设备放置位置、气流组织形式；施工图设计阶段，提供包括冷热桥节点、气密性节点等的专项施工节点图。

## 5　总结

经过全方位改造，新西郊项目已成为具有全新生命力的绿色、健康住宅，满足了当下的客户需求，实现了室内空气、用水、舒适度、人文环境、经济效益等方面的全面提升。

（1）空气

通过朗诗严苛的装修污染物管控体系，严格控制室内污染物含量，项目竣工后经现场实测，建筑室内甲醛测试浓度：0.025mg/m$^3$；建筑室内 TVOC 测试浓度：0.21mg/m$^3$；建筑室内苯测试浓度：0.006mg/m$^3$（自检）；建筑室内 $PM_{2.5}$ 测试浓度：9.2μg /m$^3$（上海当年平均 $PM_{2.5}$ 浓度为 38μg/m$^3$）。建筑室内空气不仅新鲜并且更加健康。

（2）水

经检测新西郊项目生活饮用水总硬度 ≤ 134mg/L，生活饮用水菌落总数 ≤ 4 个（CFU/mL），生活饮用水水质指标优于国家标准《生活饮用水卫生标准》GB 5749—2006。通过净水软水系统处理，直饮水可直接饮用，软水呵护皮肤和发质健康，全面保障居住者用水健康。

（3）舒适

该项目室内外噪声控制可实现室内噪声值白天≤ 40dB，夜间≤ 30dB。

该项目室内夜间生理等效照度 36lx，通过采用多种可调光源，根据实际使用需要，系统预设回路的不同明暗搭配，产生各种灯光视觉效果，使空间始终保持最符合使用需求的照明环境。

经检测项目一月份室内平均温度：21℃，室内平均湿度：40%~60%；七月份室内平均温度：23℃，室内平均湿度：40%~60%。新西郊项目采用被动式围护结构设计，建筑保温及气密性更好，室内温度分布均匀舒适，不会出现温差过大导致局部出现过热或过冷的不舒适感；采用天棚辐射采暖供冷方式，避免了传统空调方式导致的不适感，也是更节能的采暖供冷方式；采用下送上回置换式新风送风方式，并创新采用踢脚线送风，形成新风湖，室内空气置换不但更加迅速有效，同时还满足了人们对室内空气湿度的要求。

（4）人文环境

该项目室外设置 800m$^2$ 的室外交流场地。设置中央景观庭院及口袋公园，在有限的空间内将车行道效率最大化，留出中央景观庭院及尽可能多的活动空间，供住户休憩社交。设置儿童活动区，引进专业儿童活动设施，考虑儿童活动的趣味性、安全性，让社区的儿童活动区成为孩子放学后社交学习的重要场所。

保留绿化、增加植物、移除植物。修剪、梳理原有大乔木，保留背景灌木，修剪遮挡建筑的乔木，改善阳台采光性；增加特色精品小乔木，开花、观赏性灌木，丰富景观层次，适当点缀四季观花“花境”及花钵；将阳台南面部分严重遮挡采光的乔木移除并更换为落叶乔木，栽植时与阳台保持一定的距离，避免光线遮挡。

（5）经济效益

新西郊项目通过多种绿色科技系统的实施，将老旧建筑改造成高质量的差异化产品，为用户营造健康舒适的居住环境，更符合用户生活需求，市场接受度更高。该项目开盘销售均价比周边同类竞品超出 20% 以上的溢价，具有更强的溢价能力。

上海郎绿建筑科技股份有限公司通过对老旧建筑项目进行重新定位及价值重塑，将绿色健康技术体系植入，使项目的人居环境得到提升，全面满足居住者对健康舒适的追求，增加了产品附加价值，从而实现了商业上的可持续发展。中国房地产行业已经进入到存量市场时代，如今越来越多的房地产企业正努力从传统的投资开发模式，逐渐向城市更新的可持续发展模式转变。上海新西郊项目的成功探索，为城市更新提供了一种可参考的解决方案。

# 天津市建筑设计院新建业务用房

设计、咨询单位：天津市建筑设计研究院有限公司
施　工　单　位：天津天一建设集团有限公司
项　目　地　点：天津市河西区
项　目　工　期：2014年5月—2015年10月
建　筑　面　积：2.056万$m^2$

作　　　　者：张津奕、宋晨、曲辰飞、谢鹏程、陈奕
天津市建筑设计研究院有限公司

## 1 项目简介

由天津市建筑设计研究院有限公司（原“天津市建筑设计院”）投资建设、设计、运营的“天津市建筑设计院新建业务用房”项目位于天津市河西区，总占地面积 1.32 万 $m^2$，总建筑面积 2.056 万 $m^2$。2019 年该项目获得第七届 Construction21 国际“绿色解决方案奖”—“健康建筑解决方案奖”国际第一名。该项目主要功能包括办公、会议、接待、新技术新材料展厅、绿建展厅，由一期建设的主体业务用房及二期建设的停车楼构成。该项目以可持续发展理念为指导，力求打造高端、高标准、高舒适度的绿色健康建筑（图 1~ 图 3）。

图 1 实景鸟瞰图

图 2 建筑立面实景照片（一）

图 3 建筑立面实景照片（二）

该项目获得国际级奖项 1 项：

- 第七届 Construction21 国际“绿色解决方案奖”—“健康建筑解决方案奖”国际第一名（2019 年）

获得绿色、健康建筑相关认证 4 项：

- 中国三星级绿色建筑设计标识（2015 年）
- 中国三星级绿色建筑运行标识（2018 年）
- 中国二星级健康建筑设计标识（2018 年）
- 美国 LEED 金奖（2019 年）

获得省部级奖项 23 项，部分奖项如下：

- 全国绿色建筑创新奖一等奖（2020 年）；
- “绿色低碳建筑关键技术集成与示范”获天津市科学技术进步奖二等奖（2019 年）
- “中温太阳能光热建筑供冷供热系统集成关键技术研究及应用”获天津市科学技术进步奖二等奖（2020 年）

## 2 可持续发展理念

该项目在规划、设计、施工、运营的全过程中以可持续发展理念为指导，始终坚持以节约资源和保护环境为原则，因地制宜地将绿色健康建筑设计理念贯穿建筑全生命期。遵循“被动优先、主动优化”的设计理念，采用绿色低碳技术集成，同时为健身、人文、服务等健康舒适的要求量身打造功能区并制订相关措施。

在节能减排方面，项目结合自身需求及气候、场地条件，充分利用可再生能源，并配合其他多项绿色建筑技术措施，实现了低碳运行效果，打造出健康、绿色双优的建筑方案。

在保护生物多样性方面，规划设计之初即从场地生态保护角度出发，在保留了原有50余棵高大乔木的同时，也传承了天津市建筑设计研究院有限公司67年的历史记忆与情感。新楼景观设计注重生态性与人性化，绿树成荫、流水潺潺的优美环境不仅为设计师们提供了舒适宜人的休憩健身空间，也为鸟类和小动物们提供了栖息场所，真正做到了人与自然的和谐共处（图4、图5）。

图4　生态景观空间

图5　景观空间与周边社区和小动物共享

在促进使用者身心健康方面，该项目注重绿色健康技术与主动健康的融合。针对设计师的职业特点、常见健康问题，以及对办公环境的健康舒适度要求，从“以人为本”的角度出发，构建了四大特色健康空间：舒适办公空间、健身运动空间、健康管理空间、休闲娱乐空间（图6、图7）。项目首先因地制宜地采用了多项健康绿色技术措施，打造出高性能建筑办公空间。同时设置完善的运动健身、健康管理及休闲娱乐空间，如健身房、诊断室、瑜伽室等，并优化运营管理制度，定期组织体育竞技活动，开展书法、合唱、摄影等兴趣小组活动，宣传普及健康知识，鼓励员工主动加入健康行动计划，促进员工生理、心理、社会层面的全方位健康。此外，该项目利用建筑东向场地设置木质铺装，作为室外健身运动场地，面积为235.9m$^2$。与室外景观区结合设计的专用健身步道长度为250m，宽度最窄处不小于1.25m，材料为透水铺装，并设有健身引导标志。

图6　舒适办公空间

图7　室外休闲空间

## 3 技术措施

### 3.1 技术集成

为实现舒适健康、环境友好的目标，项目因地制宜地采用近30项被动式、主动式技术措施（图8），主要包括：中温槽式太阳能、氨吸收式空气源热泵、溶液调湿新风机组、通风腔、外遮阳、窗磁、直流无刷风机盘管、绿植墙、智能照明、节能照明灯具、光源色温调控、电梯监控、可再循环材料利用、溴化锂吸收式冷水机组、消能减震体系、智能电力诊断与恢复、智慧集成平台、节水器具、地板采暖、采光井、节水灌溉、下渗式雨水管、能源管理系统、地源热泵技术、直饮水、光伏发电、平板太阳能、垂直绿化（图9）、充电桩、汽车冲洗循环水系统等。

### 3.2 自然通风和自然采光优化

设计阶段对建筑体块模型进行了室外和室内风环境模拟分析，采取强化自然通风的构造措施，外窗可开启百分比达到30.58%。在建筑外檐窗下均安装具有净化、防虫、隔声功能的通风腔；在平面纵向隔墙或门口上部安装通风百叶，以强化自然风的流动。

自然采光优化方面，通过建筑立面日照模拟分析，优化开窗形式。同时，为改善地下空间的自然采光效果，地下物业用房一侧设有采光通风井（图10），停车楼地下楼梯间设置光导筒，极大地改善了地下空间的室内采光及通风效果（图11）。

### 3.3 可再生能源综合利用系统

#### 3.3.1 太阳能耦合地源热泵供冷供热系统

（1）垂直埋管土壤地源热泵系统：共设置

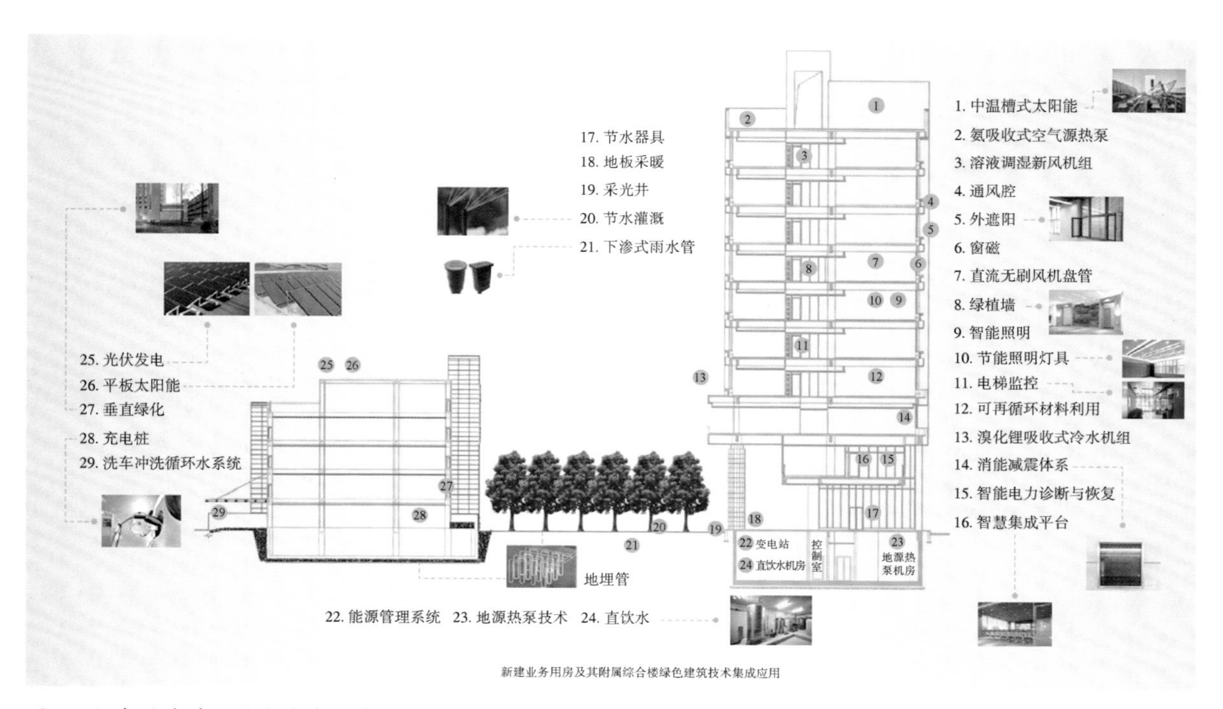


图8 绿色健康建筑技术集成示意图

图 9　室内垂直绿化

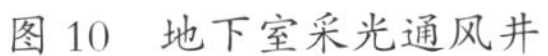

图 10　地下室采光通风井

图 11　光导照明

垂直埋管 136 孔，采用变频螺杆热泵机组，负担主要冷、热负荷，占整个负荷的 90% 以上。

（2）槽式太阳能供冷供热系统：在业务用房屋面设置太阳能槽式集热器 252m$^2$，采用补燃型导热溴化锂吸收式冷温水机组供冷，补燃型导热油氨吸收式空气源热泵机组、油—水板式换热器供热。

（3）平板式太阳能供冷供热系统：在停车楼屋面设置太阳能平板式集热器 144m$^2$，采用补燃型热水溴化锂吸收式冷温水机组供冷，水—水板式换热器供热供冷。

（4）针对办公建筑生活热水品质需求不高的特点，利用空调系统余热作为生活热水热源，实现能源的梯级利用。

（5）系统控制：制定整体运行策略，采用群控方式实现系统自动运行，将各种类型设备参数集中到一体平台，形成可视化分析平台，实现既满足冷热负荷需求，又保证能源费用相对最低的自动控制。群控系统由一个主控模块与三个子控制模块组成，向子控制模块发出工作状态指令，并接受其上传的约定信息；子控制模块为槽式太阳能集热供冷、供热模块（图 12），板式太阳能集热供冷供热系统模块，垂直埋管地源热泵模块。

图 12 槽式太阳能集热器

### 3.3.2 太阳能光伏发电系统

停车楼屋顶装设光伏并网发电系统，分别安装等容量单晶硅、多晶硅、非晶硅光伏组件，装机容量约 21kWp（图 13）。采用自发自用、并网不上网的运行方式，为建筑提供可再生能源电力供应，同时为光伏发电技术研究提供分析模型和基础数据。

图 13 光伏发电系统兼顾停车位遮阳作用

## 3.4 智能高效照明系统

建筑一体化的可调节电动金属外遮阳窗与智能照明系统联动控制。在开敞办公室、走道、夜景照明和停车楼等处设置高光效、长寿命的一体化 LED 灯具，能耗约为传统 T5 荧光灯的 50%。设置智能照明控制系统，实现人性化控制的同时降低照明能耗，对公共区域走廊、门厅处灯光的开启关闭进行定时控制，实现预设场景的切换；大开间办公室采用分区控制的方式，集中设置灯控面板对相关区域的照明进行控制；会议室设置场景控制模式；卫生间设置雷达传感器，感应光照度和人员的变化；室外景观照明采用场景控制和时间控制的方式。

## 3.5 绿色智慧集成平台

该项目中采用了多项绿色建筑技术，为了使各设备协调一致、节能高效运行，在建筑物 2 层设置具有多系统整合、优化设置、高效运行的控制中心，建立绿色智慧集成平台（图 14）。该平台采用了网络通信综合集成技术、数据交互技术和组态技术，包括能源管理、运维管理、专家管理三部分。集成平台功能基于用户

图 14 绿色智慧集成平台



侧需求及管理需要设计，具有实时监测、集中控制、能源管理、报警管理、运行日志及维保管理等 18 种功能。

### 3.6 建筑信息模型（BIM）技术

BIM 技术贯穿于该项目的可行性研究、建筑设计、实施建设、运营维护等全生命期，从而实现项目全生命期的精细化管理，提高了项目整体设计水平，提升了施工建造与运营管理的质量和效率（图 15）。该项目创新性地采用自主研发的绿色智慧集成平台与 BIM 智能化运维管理系统相结合的方式，有效地避免了

图 15 BIM 技术辅助绿色、健康建筑全生命期

大型绿色公共建筑运行管理中普遍存在的诸多问题，强有力地推动了基于人工智能技术的数字化运维模式的发展及落地实践。

### 3.7　结构消能减震技术

该项目在钢筋混凝土框架结构体系基础上，设置88组剪切型软钢阻尼器，阻尼器采用墙式布置方式，减小结构位移角，使结构整体和各类构件具有了较大的弹塑性变形能力储备，减轻了地震带来的灾害（图16），同时达到节材的目的，与混凝土框架剪力墙结构相比，节省混凝土量1350m³，占混凝土总量的20%，减少碳排放约49t $CO_2$。

图16　消能减震技术

### 3.8　管道直饮水系统

系统处理能力为1m³/h，日供水能力为3m³/d，供水人数为1200人，直饮水供水水质除满足《饮用净水水质标准》CJ94要求外，同时保证水质为活化小分子水，含有对人体有益的矿化物质，且定期对水质进行检测（图17）。

图17　直饮水系统设备

## 4　参与单位工作介绍

天津市建筑设计研究院有限公司作为该项目的建设方、设计方和咨询方，把控建筑整体需求，充分利用自身民用建筑设计院龙头企业、全国绿色建筑先锋的技术优势及资质实力，对项目建设运营全过程进行精益求精的整体把控。

该项目施工方天津天一建设集团有限公司是一家集施工总承包、房地产开发、投融资为一体，拥有技术研发、施工承包、地产开发、设备制造、物业管理等较为完善产业链条的大型现代化企业。开工伊始，工程就确定了“十个零”的实施目标，满足绿色施工的各项标准要求。

## 5 总结

该项目为30余项绿色、健康建筑技术的有机集成提供了实践的平台，不但对各项技术的应用及实际性能提供了科学且全面的数据支持（通过绿色智慧集成平台进行统一收集）与案例示范（从设计到运行全过程），更是为后续建筑节能、绿色建筑设计及相关领域更深层次的研究与发展奠定了基础。该项目已成为大量先进技术措施集合的范本，相同和类似技术的组合和拆解使用将成为可能，技术可复制性的优势得以彰显。

社会效益方面，该项目获得多项省部级及以上的国家进步奖，为绿色健康建筑技术推广提供了范本。作为中国建筑学会科普教育基地、天津市绿色科普基地，自项目运营开始，已开展各类科普活动百余次，累计接待各类参观考察近5000人。

经济效益方面，该项目绿色建筑技术措施选用合理，绿色健康建筑增量成本较低，约为130.50元/$m^2$，绿色建筑可节约的运行费用较高，约为72.2万元/年，全生命期投资回报较高。运营阶段的资源能源节约：单位面积能耗67.64kW·h/$m^2$·a，低于能耗限值的要求。实际人均用水量为35.4L/人·天，达到现行国家标准《民用建筑节水设计标准》GB 50555中的节水要求，实现了水资源的节约。

环境效益方面，该项目作为既有院落的有机更新，最大限度地保护了院内绿地和植被。通过节能降耗和充分利用可再生能源，降低碳排放，建筑全生命期碳排放约为48.8kg$CO_2$/$m^2$·a，最大限度地保护了环境，同时营造了舒适健康的工作环境（图18）。

图18 绿建展厅

# 无锡市实验幼儿园朗诗新郡分部

开发单位：太湖新城集团
建设单位：朗诗集团股份有限公司
咨询单位：上海朗绿建筑科技股份有限公司
项目地点：江苏省无锡市
项目工期：2016 年 3 月—2016 年 8 月
建筑面积：6835.3m$^2$

作　　者：陈军、杨向妮、张明扬
上海朗绿建筑科技股份有限公司

HEALTH & COMFORT

The Health & Comfort Award(Users' Choice)
of the Green Solutions Awards 2017 China is awarded to:

**Wuxi Experimental Kindergarten**
**Landsea New County Branch**

## 1　项目简介

无锡市实验幼儿园朗诗新郡分部地处江苏省无锡市，由太湖新城集团投资开发，朗诗集团股份有限公司建设管理，上海朗绿建筑科技股份有限公司（以下简称“朗绿科技”）提供技术支持，总占地面积 10807m$^2$，总建筑面积 6835.3m$^2$，2017 年获得第五届 Construction21 国际“绿色解决方案奖”—“健康建筑解决方案奖”国际入围奖。项目主要功能房间包括：幼儿活动室、寝室、图书馆、多功能厅以及教师办公室等（图 1~ 图 6）。

图 1　校园门口

图 2　教室

图 3　图书馆

图 4　多功能教室

图 5　美术室

图 6　小小厨房

该园于2016年9月1日开学，共设24个班级，致力于打造健康舒适的室内环境，用于幼儿学习、休息和活动，成为华东地区首个高标准的绿色健康环保的幼儿园。幼儿园的良好环境不仅能让家长放心，更有助于园方树立“关怀幼儿健康”的口碑与形象，体现人性关怀。

## 2 可持续发展理念

无锡市实验幼儿园朗诗新郡分部不管是设施设备等硬件设施，还是教育教学和师资力量等的配备，都走在同行的前列。幼儿园所有装修材料均经过严格筛选，所有儿童家具均选用经FSC认证的新西兰松木或同级桦木，表面涂装使用国际环保漆，在极少数需黏合的地方，选用符合欧盟儿童玩具标准（EN71）的胶黏剂。同时，依托自有CMA资质室内环境实验室检测能力，对每批次进场产品进行抽检，共对5大类38项材料进行152次检测，确保空气环境达到世界最严苛的芬兰S1级标准。

此外，作为无锡首家“会呼吸”的幼儿园，采用机械通风、物理过滤等科技，有效过滤$PM_{2.5}$。通过对颗粒物污染源头控制，让室内氧气不断，空气始终维持清新。特别地，幼儿园还在特定位置设置监视屏，家长、老师可对教室空气质量进行实时监控。

## 3 技术措施

据统计，2016年无锡市$PM_{2.5}$年均值达到66.3μg/m$^3$。因此，为保障幼儿园室内环境质量，该项目从建筑整体出发，把控设计、施工、安装、调试、验收、运行等多个阶段，从而保证建筑室内环境健康舒适。

### 3.1 新风换气

由于幼儿园教室人员密集，人体携带的病毒和细菌容易诱发流行性感冒等疾病，而孩子的免疫力较弱，更加容易交叉感染，人员密集还带来了二氧化碳浓度过高的问题，而在换气不足的教室学习，会影响孩子的学习效率甚至生长发育。

我国在中小学校以及幼儿园、托儿所的建筑设计规范中都对其通风换气作了明确的要求。其中，《托儿所、幼儿园建筑设计规范》JGJ39—2016第6.2.11条中规定，活动室、寝室和多功能活动室人员活动最小新风量为20m$^3$/(h・人)。

在该项目中，对幼儿园的不同教室逐一进行新风系统设计（图7），分室独立设置机组，独立控制。通过合理的气流组织设计确保室内换气效率，有效地降低了教室内的$CO_2$浓度。送排风全新风置换（送风、排风分开，不混合，不回送）确保传染源不会扩散，避免教室内交叉感染的可能。本园活动室的新风风量设计为30m$^3$/(h・人)，是国家规范要求新风量的1.5倍。

### 3.2 高效除霾

在雾霾天气下开窗通风无法为教室提供新鲜的空气，该项目采用高效三重过滤（即初级过滤网、活性炭过滤器、高效过滤网）的新风机组，能够高效净化空气，使$PM_{2.5}$滤除率达到90%以上。

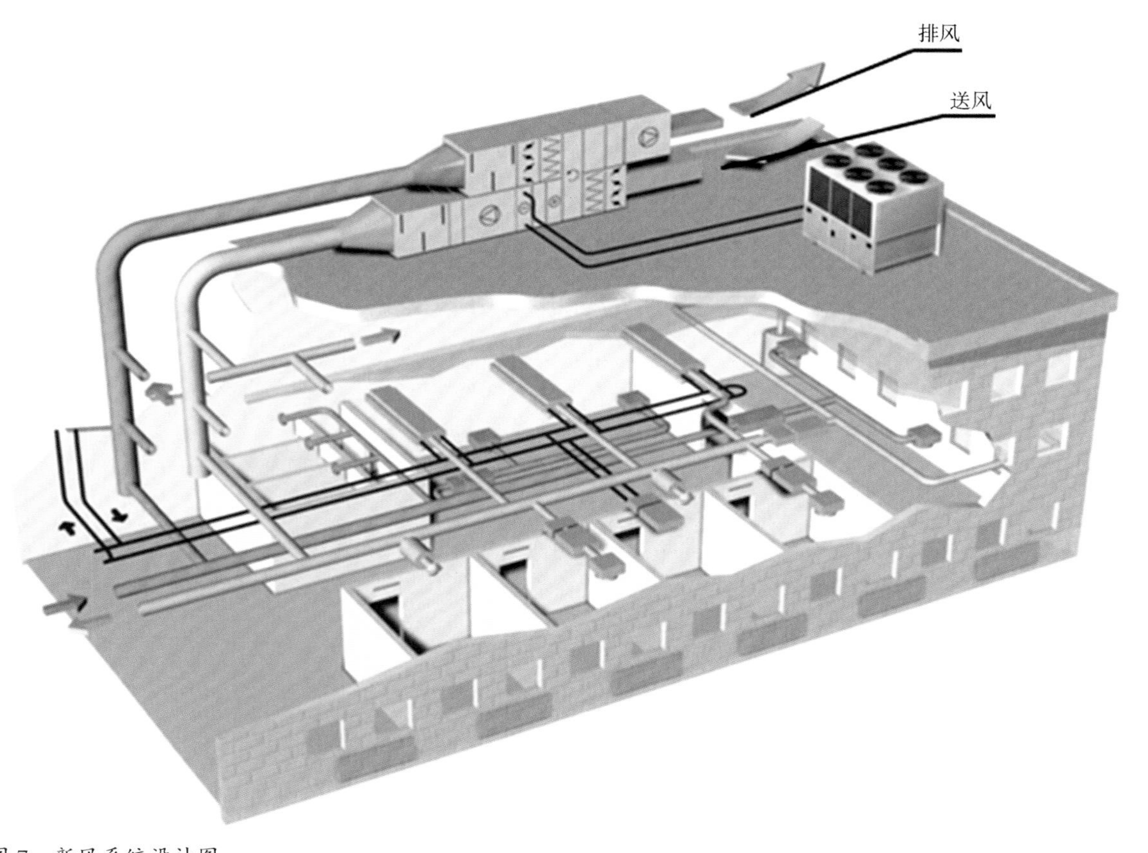

图 7　新风系统设计图

## 3.3　节能措施

该项目按照《公共建筑节能设计标准》GB 50189—2015 规定的 65% 节能标准设计，其中外围护配置如下：

（1）外墙使用水泥砂浆（20mm）+ 无机保温材料（35mm）+ 水泥砂浆（20mm）+ 混凝土双排孔砌块（200mm）+ 无机保温材料（20mm）+ 石灰砂浆（20mm），传热系数为 0.51W/($m^2$・K)；

（2）屋面使用水泥砂浆（20mm）+ 细石混凝土（50mm）+ 黏土陶粒混凝土（20mm）+ 挤塑聚苯板 XPS（60mm）+ 水泥砂浆（20mm）+ 钢筋混凝土（100mm）+ 石灰砂浆（20mm），传热系数为 0.75W/($m^2$・K)；

（3）外窗采用 6 高透光 Low-E+12 氩气 +6 透明 – 隔热金属多腔密封窗框，传热系数为 2.2W/($m^2$・K)，自身遮阳系数为 0.62。

通过建筑外围护系统气密性测试，发现气密性薄弱节点加以改善，有效地提高了建筑保温隔热性能并阻隔了室外污染物的渗入。该项目中，建筑整体气密性达到 n50 ≤ 2.0$h^{-1}$，外窗气密性为 6 级，幕墙气密性为 3 级。

此外，采用热回收技术，通过冬夏两季热回收装置可将教室内冷量（热量）留下，从而节约能源。所用静音型全热除霾新风交换机的热回收芯体采用特殊热交换材料，热回收效率更高（可达 60%~70%）。

### 3.4 超低噪声

新风设备采用低噪声、低震动型，设备支架设减震装置，管道与设备采用柔性连接以减少噪声。当新风风量为1000/900/650m³/h时，对应的噪声值依次为41/37/32dB，室内背景噪声条件可达到《绿色建筑评价标准》GB/T 50378—2019中的高标准要求限值，即各个功能空间平均噪声值均低于45dB。

同时新风空调机组、风机等设备分别采用阻尼型弹簧减震器，空调机组、风机等设备的进出风口接头处均设置150mm长的防火软接头。风管系统采用阻抗符合消声器或消声弯头。新风机房内及地下室的空调风管道采用减震支吊架。建筑内墙采用加气混凝土砌块，外窗玻璃腔内采用惰性气体，同时建筑整体经过气密性测试，使建筑整体隔声性能优于国家相关规定。新风管道设计，充分考虑儿童活动区域，午睡区不设风口（图8）。

### 3.5 装修污染管控技术

由于适龄儿童平均每天在幼儿园度过7~8h，所以教室里能否有效控制建材等材料有毒有害物质挥发对保障儿童健康成长至关重要。幼儿园室内常见污染物主要有装修材料、清洁剂、文具用品以及人体自身散发的有机污染物。为了实现高标准的装修污染控制，朗绿科技通过以下5个步骤对装修污染进行严格把控（图9）。

（1）设计优化

在朗绿科技装修污染控制技术体系中，甲醛浓度控制标准符合芬兰S1级标准（甲醛≤ $0.03mg/m^3$）。

同时，在设计阶段对室内设计图纸进行审核和深化设计，明确所需材料管控清单和管控

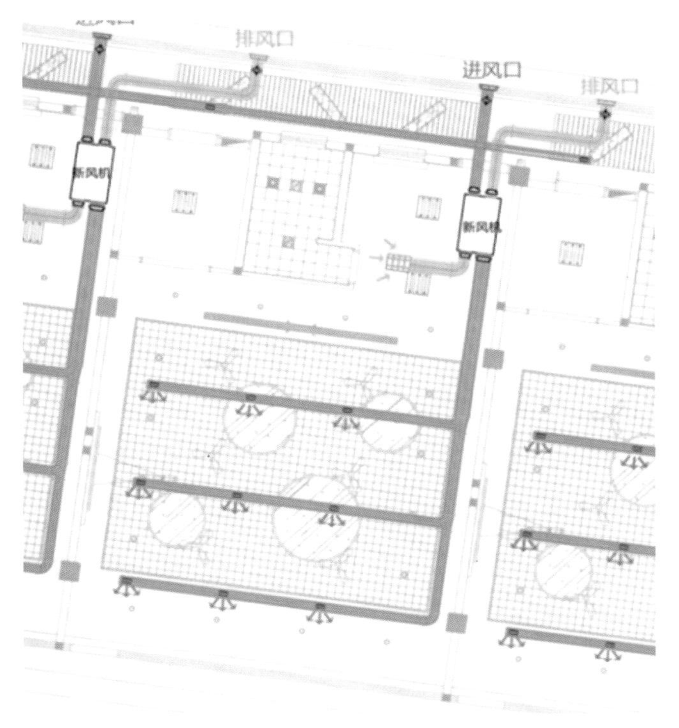


图8 新风管道设计图

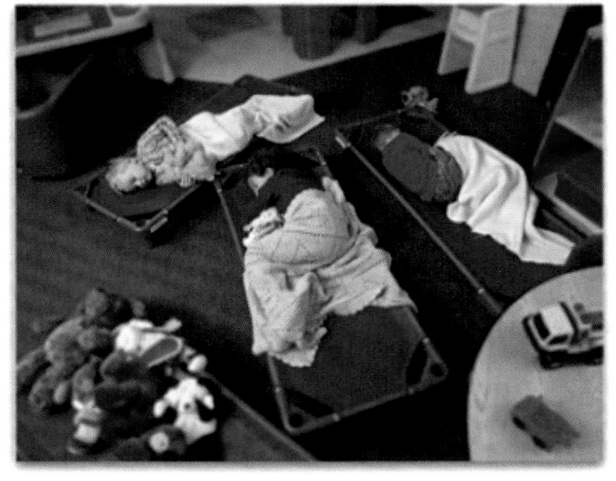

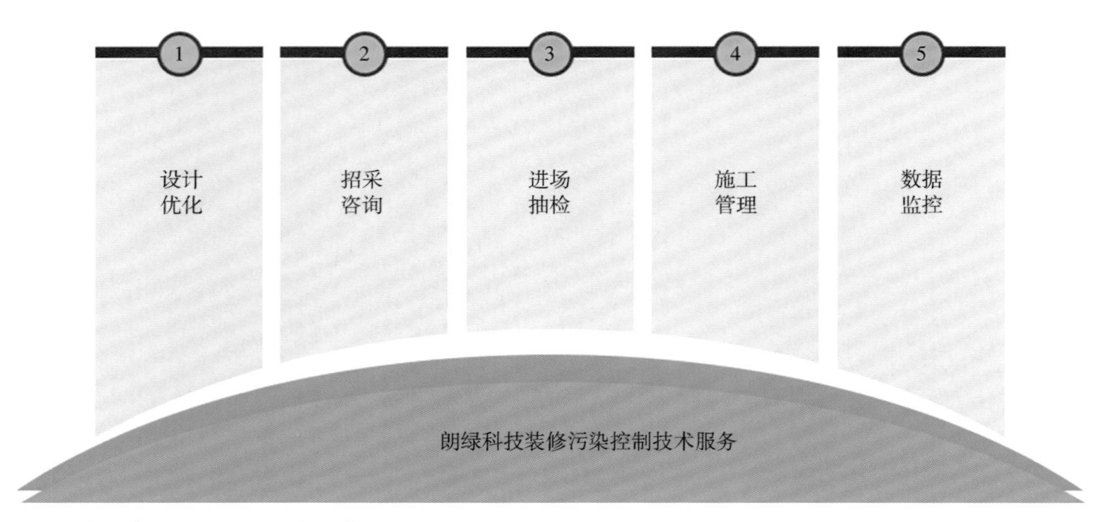


图 9　朗绿科技装修污染控制技术服务流程图



标准，确保该项目全部采用环保材料。

（2）招采咨询

通过严格的采购管理来实现材料的有害物控制。从对整个原材料供应链的管理，到材料的验证抽检，再到质量安全承诺，严格地筛选建材供应商，最后针对芬兰 S1 级甲醛控制核心的建材（如板材、涂料、胶黏剂等）采取定制的方式，与生产厂家直接建立合作伙伴关系并通过管控平台进行实时管理。

（3）进场抽检

朗绿科技依托自有 CMA 资质室内环境实验室检测能力，对每批次进场产品进行抽检，严控污染物含量。自有专业实验室配备气相色谱仪、环境测试舱、分光光度计等大型试验设备（图 10），可检测分析各类装饰装修材料污染物。

（4）施工管理

采取甲指甲供的方式，定向采购施工材

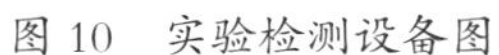

图 10　实验检测设备图

料，专人现场监理。在饰面工程、成品制作安装工程验收等关键节点进行甲醛浓度实时检测（图 11），对检测结果与施工单位和园方负责人进行实时沟通。

（5）数据监控

采用可视化智能集成控制面板，各个教室新风系统均可独立控制，可以监测并显示温湿度、$PM_{2.5}$、甲醛、TVOC 及 $CO_2$ 等指标。家

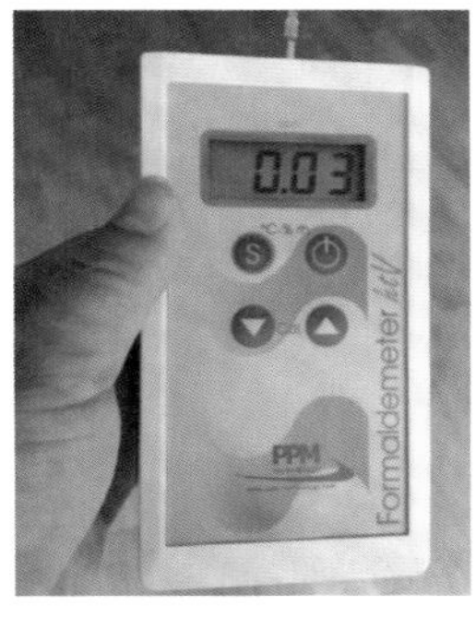

图 11　甲醛节点检测图

长可对教室空气质量进行实时监控（图 12）。

图 12　可视化智能集成控制面板

通过以上技术措施，建筑室内空气质量得到了明显提升，各项指标均优于国家标准要求，第三方室内环境验收检测报告结果如下：

$CO_2$ 浓度：0.0003mg/m$^3$，甲醛浓度：0.025mg/m$^3$，TVOC 浓度：0.24mg/m$^3$，苯浓度：0.008mg/m$^3$，$PM_{2.5}$ 浓度：27μg/m$^3$。

## 4　参与单位工作介绍

上海朗绿建筑科技股份有限公司本着以人为本的理念，充分结合幼儿园室内健康环境需求，以最严苛的标准，为该项目提供了一套能够兼顾新鲜空气供应、雾霾过滤、安全节能、超低噪声等功能的综合性系统解决方案，完成了新风除霾系统和芬兰 S1 级装修标准的全流程服务。

## 5　总结

在高速发展的中国，环境污染已经引起了各界关注，由于空气污染而引发的各类疾病也层出不穷。而幼儿的抵抗力不足，糟糕的空气环境不仅影响了幼儿的学习，更会对他们的生长发育带来非常不利的影响，从而影响他们的一生。

朗绿科技本着对家长的托付和孩子健康负责的态度，充分考虑幼儿园环境的普遍问题，

高标准完成了该项目。在开学的家长会上，朗绿科技专家亲自到场为家长们答疑解惑，得到了家长们的一致支持和肯定。幼儿园投入使用后，无锡市的政府领导以及 30 多家媒体都自发地来到幼儿园，亲自感受来自这座“会呼吸的”幼儿园带来的绝妙体验（图 13~ 图 16）。

随着无锡首家“会呼吸的幼儿园”——无锡市实验幼儿园朗诗新郡分部的成功落地，2016 年 11 月 22 日，“绿色蓓蕾行动——朗诗抗霾绿色幼儿园公益行”在无锡正式启动。“绿色蓓蕾行动”在北京、天津、保定、上海等 10 个城市征集了 12 所幼儿园，利用一整套综合性系统解决方案，致力于为孩子们打造一个洁净无污染的世界，使儿童在封闭的室内也能呼吸到新鲜、纯净的空气，不必再为室外雾霾或室内缺氧问题而忧虑。

图 13　家长会

图 14　无锡市人民政府教育督导参观

图 15　无锡市教育局局长巡视

图 16　全国 30 多家新闻媒体报道

# 五方科技馆

设计、咨询单位：河南五方合创建筑设计有限公司
方案设计单位：郑州大学建筑学院、河南五方合创建筑设计有限公司
施 工 单 位：海南五创建筑科技有限公司
项 目 地 点：河南省郑州市
项 目 工 期：2018 年 1 月—2019 年 1 月
建 筑 面 积：3822.39m²


作 者：崔国游[1]、陈先志[1]、张建涛[2]
1. 五方建筑科技集团；
2. 郑州大学建筑学院

## 1 项目简介

五方科技馆位于河南省郑州市二七区郑州建筑艺术公园内，是中原地区首个近零能耗建筑示范项目。项目由五方建筑科技集团投资建设、设计以及运营（郑州大学建筑学院参与方案设计），总占地面积4338.98m²，总建筑面积3822.39m²，2019年获得第七届Construction21国际“绿色解决方案奖”—“温带节能建筑解决方案奖”国际特别提名奖。五方科技馆分为A馆和B馆，A馆作为公共建筑，内部功能以会议、办公、住宿和餐饮等为主，B馆为住宅建筑。A馆、B馆分别展示了近零能耗公共建筑和居住建筑相关前沿技术的运用、研究、探索和创新（图1~图13）。

图1 五方科技馆A馆

图2 五方科技馆A馆西立面

图3 五方科技馆A馆餐厅

图4 五方科技馆A馆大厅

图5 五方科技馆A馆接待室

图6 五方科技馆A馆休息区

图 7　五方科技馆 B 馆

图 8　五方科技馆 B 馆客厅

图 9　五方科技馆 B 馆卧室

图 10　五方科技馆 B 馆光伏小屋

图 11　五方科技馆室外景观（一）

图 12　五方科技馆室外景观（二）

图 13　五方科技馆室外景观（三）

## 2 可持续发展理念

在全球气候变暖、资源能源短缺、生态环境恶化的大背景下，保护环境迫在眉睫。近零能耗建筑严格控制能耗指标，大幅降低能源需求，减少化石能源使用，尽可能使用可再生能源，降低碳排放，减少对环境的破坏，为建设资源节约型、环境友好型社会提供了有效途径。五方科技馆采用多种可再生能源利用形式，如地源热泵、空气源热泵、太阳能光电、太阳能光热等，以“被动优先、主动优化和技术适宜”为原则，打造出中原地区首个近零能耗建筑示范项目。

## 3 技术措施

### 3.1 高标准外墙保温隔热系统

五方科技馆 A 馆的外墙保温选择 150mm 的石墨聚苯板，其外墙 $K$ 值为 0.22W/(m$^2$·K)。屋顶采用 150mm 挤塑聚苯板，其屋顶 $K$ 值为 0.20W/(m$^2$·K)。

五方科技馆 B 馆 B1、B3 外墙保温选择 200mm 石墨聚苯板，其外墙 $K$ 值为 0.17W/(m$^2$·K)。屋顶采用 200mm 挤塑聚苯板，其屋顶 $K$ 值为 0.15W/(m$^2$·K)。地面做 50mm 挤塑聚苯板，其对应的 $K$ 值为 0.51W/(m$^2$·K)，无架空及外挑楼板。

五方科技馆 B 馆 B2 外墙保温选择 150mm 石墨聚苯板，其外墙 $K$ 值为 0.22W/(m$^2$·K)。屋顶采用 200mm 挤塑聚苯板，其屋顶 $K$ 值为 0.15W/(m$^2$·K)。地面做 50mm 挤塑聚苯板，其对应的 $K$ 值为 0.51W/(m$^2$·K)，无架空及外挑楼板。

### 3.2 高性能门窗

（1）玻璃采用内充氩气的三玻两腔中空玻璃（5+18Ar+5+18Ar+5），双 Low-E，传热系数 0.61W/(m$^2$·K)，$g$ 值为 0.43，采用玻璃暖边技术，窗框采用铝包木型材，开启方式采用内开内倒方式。

（2）依据国家标准《建筑外门窗气密、水密、抗风压性能检测方法》GB/T 7106—2019，外门窗气密性等级不应低于 8 级、水密性等级不应低于 6 级、抗风压性能等级不应低于 9 级，本工程外窗气密性等级为 8 级，水密性等级为 6 级、抗风压性能等级为 9 级。

（3）在南侧及东西两侧外窗设置外遮阳，外遮阳采用电动控制活动外遮阳百叶，屋顶天窗采用电动遮阳百叶（图 14、图 15）。

图 14 一体化遮阳窗

图 15　科技馆 A 馆天窗 + 遮阳

### 3.3　良好的气密性

寒冷地区近零能耗公共建筑对气密性要求为 $N_{50} \leq 1.0$ 次 /h，即在 50Pa 的压差下，建筑 1h 的换气次数不大于 1 次；寒冷地区近零能耗居住建筑对建筑气密性要求为 $N_{50} \leq 0.6$ 次 /h，即在 50Pa 的压差下，建筑 1h 的换气次数不大于 0.6 次。气密性要求相对较高，而普通建筑 $N_{50}$ 测试值约为 3~5 次 /h，所以近零能耗建筑必须采用相关气密性措施，如气密性胶带对建筑的气密性进行严格的处理。不同材料的连接处，必须妥善处理，以保证气密层的完整性。科技馆 A 馆气密性最终测试值为 0.17 次 /h。

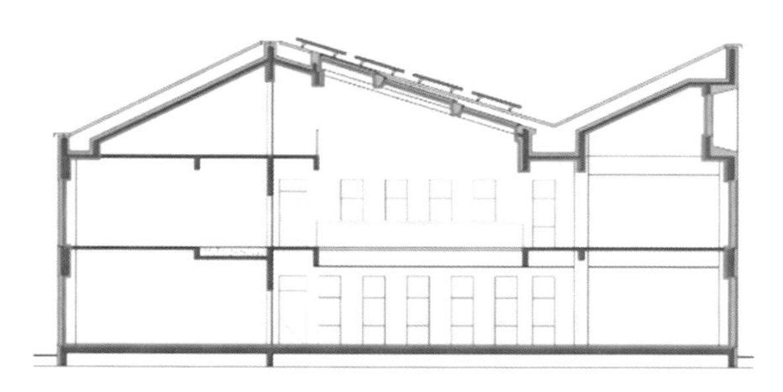

图 16　连续气密层（红色为气密层）

### 3.4　近无热桥设计

保温层连接部位、外窗与结构墙体连接部位、管道等穿墙或屋面部位，以及遮阳装置等需要在外围护结构固定的部位等可能产生热桥，尽可能避免热桥，或至少将其限制到可以

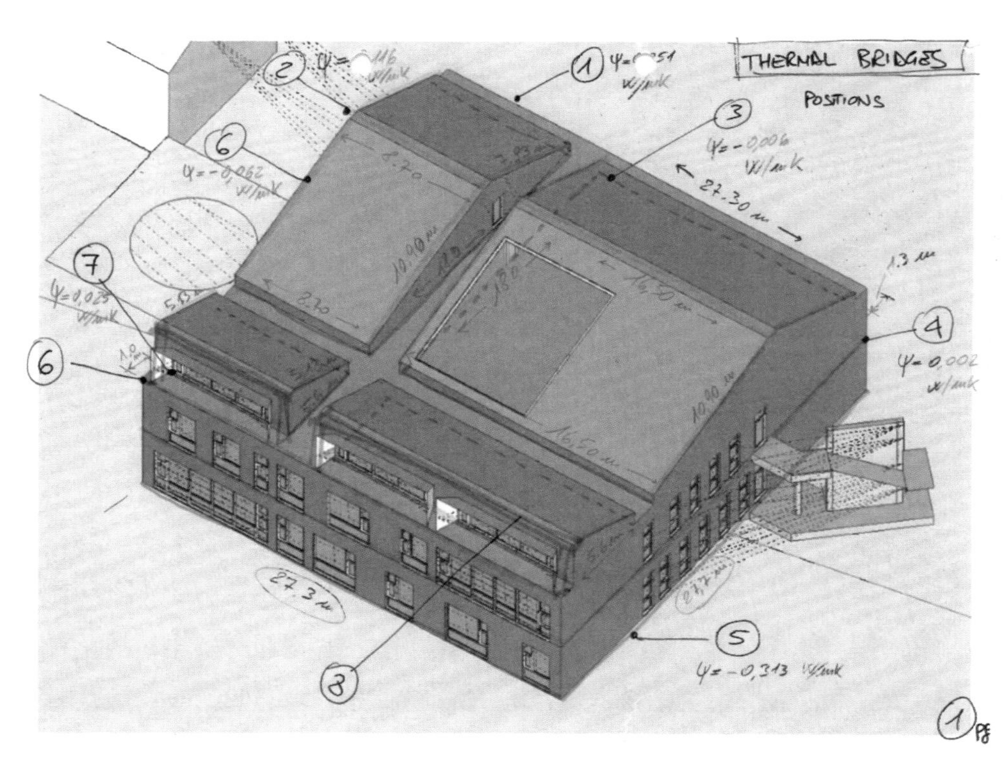


图 17　热桥计算

忽略的程度。该项目各节点优化后进行计算均满足要求（图 17）。

### 3.5 高效热回收新风系统

五方科技馆 A 馆：设计新风量 $3000m^3/h$，$30m^3/h$ · 人，固定人员不超过 100 人。新风机组含空气过滤段，G4 初效 +F9 中高效有效去除室外空气中的污染物颗粒（图 18）。

五方科技馆 B 馆：设计新风量每套公寓 $300m^3/h$，$30m^3/h$ · 人，固定人员不超过 10 人。采用空调新风一体机或独立吊顶式新风机组，均含空气过滤段，有效除雾、$PM_{2.5}$ 和 VOC，保证室内良好的空气质量。

新风系统均采用全热回收装置，焓交换效率≥ 70%；

单位风量风机功耗均不大于 0.45 $W/(m^3/h)$。

图 18　五方科技馆 A 馆新风热回收机组

### 3.6 自然通风节能技术

该项目充分考虑自然通风措施，建筑朝向为南偏西 10 度，有利于过渡季节及夏季自然通风，其中 A 馆（公共建筑）过渡季节，在开窗的情况下，主要功能房间平均自然通风换气次数不小于 2 次 /h 的面积比率为 90%，B 馆（居住建筑）每套住宅自然通风开口面积与地面面积的比率为 5%。所有外窗开启扇采用内开内倒方式，在开窗通风情况下不影响使用。

### 3.7 智能化控制和管理

（1）监测空调和新风机组等设备的风机状态、空气的温湿度、$CO_2$ 浓度等。控制空调、新风机组等设备的启停和变风量时的变速控制。

（2）新风机组回水管设动态压力平衡阀及电动调节阀，通过温控阀自动调节流量，并自动平衡环路压力，控制新风送风温度。冬季，高压微雾加湿管道设电动调节阀，通过湿度传感器，控制冬季新风加湿量。

（3）自动运行模式：根据回风口监测到的 $PM_{2.5}$、$CO_2$ 数值判断控制风量的大小。根据室内温度及设定温度启闭冷热源。温度设定：20~26 ℃。温度平衡在设定值 ±1 ℃范围内。风机选用 DC 变频风机，根据主板信号进行转速调节。电加热具有温度保护功能，当其本身温度超过一定值后自动切断电源。

（4）$CO_2$ 传感器采用红外式，$PM_{2.5}$ 传感器采用激光式，温湿度传感器采用数字集成传感器，温度保护单元采用热电耦式。

（5）采用能耗分析软件，对各空调机组、新风、电气、照明等系统的能耗情况进行检测和分析（图 19）。

### 3.8 可再生能源利用

（1）地源热泵

五方科技馆 A 馆：空调冷热源为一台 HSSM/ZR-60(S)E 型地源热泵机组（图 20），自带冷冻水循环水力模块，制冷量 58.5kW，制热量 62.5kW，热泵机组全年综合性能系数（ACOP）=4.37。设计工况：夏季冷冻水侧：

图 19　五方科技馆能耗监控系统

7~12℃；冷却水侧：25~30℃。冬季热水温度为 40~45℃，土壤侧进出水温度为 3~8℃。

图 20　地源热泵机组

（2）太阳能热水

B 馆每户太阳能热水器容量 155L（有效容积），有电辅助加热功能，电量为 2kW，太阳能集热板朝正南放置，集热面积为 2.4m$^2$，安装倾角与当地纬度相同。

（3）太阳能光伏

A 馆屋面、B 馆屋面、如斯门、乐乎亭和光伏小屋均铺设有不同种类的光伏组件。经测算，整个光伏系统年发电量可达 97029kW · h，其中 A 馆年发电量为 23905kW · h，B1 屋面年发电量为 17754kW · h，B3 屋面年发电量为 31447kW · h，B2 屋面、如斯门、乐乎亭以及光伏小屋年发电量为 23923kW · h（图 21、图 22）。

图 21　五方科技馆俯视图

图 22　五方科技馆垂花门

## 4　参与单位工作介绍

河南五方合创建筑设计有限公司，是超低能耗建筑的全国性领导力量、零碳建筑先锋，拥有集工程咨询、规划、建筑方案、施工图、人防、市政、景观为一体的全过程设计平台，立足“政产学研用”相结合，业务内容为“全过程咨询 + 规划建筑设计 +EPC 设计采购施工总承包 + 专用建筑材料”，有多个全国范围内不同功能的超低能耗项目全过程咨询、设计、EPC、材料供应的项目经验，具有较大的行业影响力。在该项目中作为咨询方和设计方，负责五方科技馆项目的咨询和设计工作。

海南五创建筑科技有限公司是五方建筑科技集团的全资子公司，业务内容为建筑 EPC 设计采购施工总承包、材料研发及生产；目前主要承担超低能耗建筑相关材料的生产、采购、销售及施工工作，并具备相应的工程管理能力。具备防腐保温、门窗幕墙、装饰装修、暖通机电安装资质。管理人员均具备国家注册建造师职业资格和 PHI 咨询师资格，已承接郑州、南京、三亚等多地的超低能耗新建和改造建筑的专项 EPC，具有丰富的超低能耗建筑施工经验，有较强的实施落地能力。在该项目中既作为投资方又作为总承包方，负责“五方科技馆”项目的建造，对施工过程质量进行把控，完成最终的检测和竣工验收工作。

## 5　总结

五方科技馆项目已获得德国 PHI 认证、中国建筑节能协会近零能耗建筑设计标识和运行标识，为住房城乡建筑部科技示范项目、国家“十三五”重大课题示范项目，采用“EPC+ 建筑师负责制 + 成品房交付”的模式。从 2019 年开放至今，已累计接待 5000 多人次到访。

近零能耗建筑是一个系统工程，带来的是一场多行业的新变革，其普及将带动 20 多个产业链的绿色消费，如保温材料产业、节能门窗产业、新风产业、太阳能光伏产业、遮阳产业等。五方科技馆的示范意义，还在于可以成为建筑、建材、设计和施工等领域进行产品展示、技术交流和培训活动的一个平台，成为促进绿色建材生产企业升级转型的“催化剂项目”（图 23）。

图 23　五方科技馆全景

# 中衡设计集团研发中心大楼

设计、咨询单位：中衡设计集团股份有限公司
施　工　单　位：中亿丰建设集团股份有限公司
项　目　地　点：江苏省苏州市
项　目　工　期：2012 年 9 月—2015 年 11 月
建　筑　面　积：7.5 万 $m^2$

作　　　　　者：郭丹丹
　　　　　　　　中衡设计集团股份有限公司

**ENERGY & TEMPERATE CLIMATES**

The Energy & Temperate Climates Award
of the Green Solutions Awards 2017 China is awarded to:

**ARTS Group Design & Research Center**

- Contractor: ARTS Group Co., Ltd

Delivered on January 26th, 2018
in Beijing

Christian Brodhag,
President of Construction21

## 1 项目简介

中衡设计集团研发中心大楼（图 1、图 2）位于苏州工业园区独墅湖畔。总占地面积 1.4 万 $m^2$，总建筑面积 7.5 万 $m^2$，可容纳 2500 人，由中衡设计集团有限公司投资、设计并运营。大楼地上部分主要为办公，裙楼一层及地下一层为餐饮、健身及零售卖场，地下二、三层为车库。2017 年获得第五届 Construction21 国际“绿色解决方案奖”—“温带节能建筑解决方案奖”国际入围奖。

图 1　建筑立面实景

图 2　屋顶雪景

## 2 可持续发展理念

中衡设计集团研发中心在建设伊始就确立了“绿色三星”的目标，以“被动优先、主动优化”为设计理念。将建筑师的“空间调节”策略与工程师的“设备调节”策略高度融合。采用“塔楼在北、裙房在南”的布置方式，办公单元错位布局以及细部构造方法保证了建筑的自然通风和自然采光。地源热泵、雨水回用、太阳能热水、新排风全热回收、室内环境在线监测等也融入设计方案中，力争实现“绿色健康、生态自然”的目标。

## 3 技术措施

### 3.1 优化被动设计，亲近自然

#### 3.1.1 多层次园林空间

中衡设计集团研发中心室外共种植香樟、金桂、山茶、早樱、紫玉兰、蜡梅、红枫等 28 种苗木，参考苏州古典私家园林“围合—中心—关联”的空间关系布置室内外绿化景观和屋顶花园，继承中式园林“既整体又联系”的文化特点，创造出多层次的现代园林办公空间。塔楼办公空间采用每 3 层设置一个大型空中共享花园，并在楼顶布置了空中花园作为建筑的“眉眼”，裙楼大堂、中庭和各办公空间同样遍布绿色，平均每 5m$^2$ 便有一盆绿植。裙房屋顶东侧为屋顶花园（图 3），绿化景观与环形步道融合可供员工休憩与活动；西侧为 630m$^2$ 屋顶农园（图 4），有鱼菜共生的桑基鱼塘，有香氛料理的作物艺廊，也有四季生机厨房，生产的有机蔬菜直供员工食堂食用。

#### 3.1.2 全方位立体化的自然通风与采光

交错院落式设计有利于自然通风并将自然光线和绿化景观引入办公空间，中轴转门、下悬窗 + 玻璃挡板、侧向通风幕墙、中厅高处可开启侧窗既强化自然通风，又提高了舒适度（图 5、图 6）。全玻璃幕墙与多种形式的天窗、侧窗、光导系统结合，最大限度地实现自然光环境。塔楼采用跨层全玻幕墙连接结构，结构

图 3 屋顶花园

图 4　屋顶农园

图 5　室内绿化

图 6　中厅可开启采光侧窗

图 7　办公空间采光天窗

图 8　员工食堂采光天窗

图 9　地下健身空间采光天窗

柱与幕墙间距 2~4m 不等，实现了全部办公空间都有自然采光（图 7）。员工食堂和地下健身房的大面积采光天窗大幅改善了地下空间的采光效果（图 8、图 9）。建筑南侧的下沉式广场，既是有效的交流平台，又为地下空间带来了日照与景观。经检测，室内主要空间采光系数标准值达到 3%，室内自然采光照度超过 450lx 的空间面积达到 75.56%。

### 3.2 先进绿色技术，保障健康

#### 3.2.1 高效绿色设备

楼内各层设有集中新风系统，过滤器组合段为初效过滤 G4+ 平板式静电过滤器 F7，在送入足够量新风的同时有效降低室内污染物浓度。楼内连续监测结果显示，裙楼 $PM_{2.5}$ 年平均浓度为 16.85μg/m³，$PM_{10}$ 年平均浓度为 29.95μg/m³，塔楼 $PM_{2.5}$ 年平均浓度为 17.23μg/m³，$PM_{10}$ 年平均浓度 32.86μg/m³。经检测，室内空气中的氨、甲醛、苯、总挥发性有机物、氡等污染物浓度均低于现行《室内空气质量标准》GB/T 18883—2002 规定限值的 70%。

各层茶水间设置双水箱直饮水系统，将可直接饮用的冷水和开水彻底分开，配有多级过滤器，对水质进行过滤，箱体采用特制不锈钢材质，上下均设有维修口，可任何角度清洗。

此外，项目还采用了地源热泵、雨水回用、太阳能热水、光伏发电（图 10）、可调节外遮阳（图 11）、智能照明系统等多项技术，在提高舒适度的同时也充分利用了可再生资源。

图 10 屋顶太阳能板

图 11 电动可调节外遮阳

#### 3.2.2 污染物及噪声控制

避免空气中的污染物串通到其他室内空间或室外活动场所，项目在卫生间、打印装订室和清扫间设置局部机械排风系统，在地下 B1 层厨房灶台正上方设置抽油烟机及通过维持厨房负压保证厨房油烟不扩散至其他室内空间。外窗气密性 6 级，幕墙气密性 3 级，可阻隔室外污染物穿透进入室内。

楼内地板、地毯及地坪材料、墙纸、百叶窗和遮阳板、浴帘和家具及装饰物、铅管等产品中 DEHP、DBP、BBP、DINP、DIDP 或 DNOP 的含量不超过 0.01%。家具和室内陈设品来源可塑，产品的 VOCs 散发量低于《室内装饰装修材料 木家具中有害物质限量》GB 18584—2001 规定限值的 60%，全氟化合物（PFCs）、溴代阻燃剂（PBDEs）、邻苯二甲酸酯类（PAEs）、异氰酸酯、聚氨酯、脲醛树脂的含量不超过 0.01%（质量比）。纺织、皮革类产品需满足《环境标志产品技术要求 生态纺织品》HJ/T 307—2006 的要求。

楼内所有门窗皆采用双层真空玻璃，可隔声 30dB 左右。裙房屋顶冷却塔采用益美高冷却塔，风机为超低噪声风机，比普通标准风机降噪9~15dB，同时冷却塔作为地源热泵系统辅助冷源平时很少启用，据物业统计，冷却塔每年仅开启10天左右，因此冷却塔区产生的噪声不会对项目办公区域产生明显影响。对建筑室内办公室和会议室进行检测，办公空间噪声值为37.5dB，会议室噪声值为39dB，均满足标准要求。

#### 3.2.3 环境质量监测平台

中衡设计集团研发中心室内环境监测平台（图12、图13）可实时监测楼内的水质（浊度、pH、余氯和电导率）和空气品质（温湿度、$CO_2$、CO、$PM_{2.5}$、$PM_{10}$ 和 TVOC），并自动生成日报、月报。同时，可根据被测区域的室内空气品质数据，自动计算空气品质表观指数（AQI），并通过内部网络向员工展示。监测系统与新风系统联动，当办公区域室内 $CO_2$ 浓度超标时，室内新风机将联动开启。室内空气质量调研结果表明，室内空气质量的满意度达到88.6%。

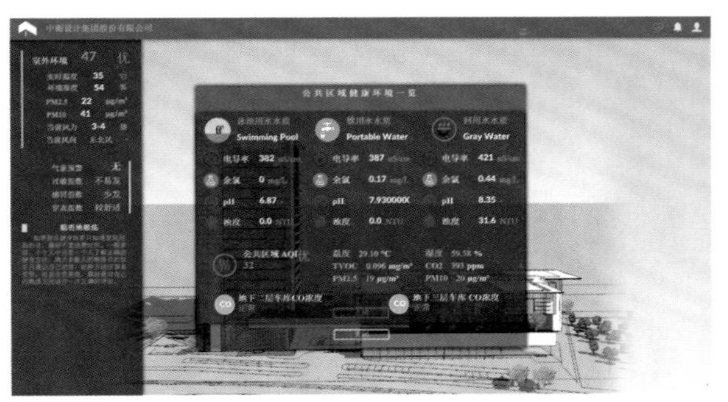

图12 公共空间环境监测

图13 办公空间环境监测

### 3.3 配套设施齐备，功能多样

#### 3.3.1 功能空间

楼内设有多处健身空间，包括地下健身空间、室内游泳池和屋顶健身空间（图14）。地下健身房面积530m²，跑步机、动感单车、挂片力量设备等各种有氧活动器材齐备，同时还设有舞蹈室、羽毛球场地和乒乓球台；塔楼顶层员工活动中心的室内游泳池面积为181m²，设有3条泳道；裙楼屋顶花园，布设了270m长的健身步道及175m²的跳操场地。丰富的健身器材和充足的健身空间可满足员工多样化的健身需求。

裙楼四层东侧中部院落沿庭园布置了员工咖啡厅（图15），为员工提供工作之余的休憩空间。南部院落布置了员工一站式服务中心，方便员工办理各项事宜。西侧布置了一座中式图书馆（图16），形式采用了中式藏书楼的格局，上部利用一组简化版的“宫灯”引导天光。为了方便职场妈妈，研发中心内还特意设置了母婴室——“妈妈驿站”（图17），“妈妈驿站”位于塔楼三层东南角，备有消毒、清洗、保温设备，卫生便利、安静私密。

#### 3.3.2 无障碍及医疗设施

研发中心为保证一些老人和残疾人的出入方便，全楼采用无障碍设计。无障碍坡道、无障碍入口、无障碍停车位以及无障碍电梯齐

图 14　健身场地及器材

图 15　咖啡厅

图 16　图书馆

图 17　母婴室

备。大楼内服务站配置有基本医疗救援设施，可满足紧急救护需求。医疗急救绿色通道可与消防通道共用，能保证救护车迅速到达大楼出入口，保障顺畅通行。

### 3.3.3　绿色出行

距项目主要出入口 500m 以内有两个大型公交车站点，为月亮湾广场站和星湖街崇文路南站，分别有 180 路东线、180 路西线和 166 路、176 路等。大厦南侧 300m 内有地铁 2 号线月亮湾站，能够享受便利的交通服务。非机动车地库位于塔楼地下一层，停车位共 810 个，占建筑总人数的 32.4%，并备有打气筒、六角扳手等维修工具。

### 3.4 管理制度完善，活动丰富

#### 3.4.1 健康管理与公示

大楼由中衡集团物业管理中心负责，物业管理中心制定了完善的设备、设施管理制度，定期进行空调系统和供水设施的维护清洗、病害消杀等工作。物业人员通过室内环境质量监测平台对楼内的各项指标进行实时监测，按照管理预案应对突发情况，实现以人为本的建筑运营精细化管理，同时定期向楼内人员推送通知（通告），宣传健康食品以及养生等健康生活理念，发布楼内各种活动通知等信息，鼓励驻户参加健身活动，提升身体素质。

#### 3.4.2 餐饮厨房区管理措施

厨房进行餐厨废弃物资源化利用无害化处理，定期进行厨房消杀，保证餐饮安全。大楼对食堂菜品进行留样记录，并对厨房微生物进行监控，选用 3M 大肠菌群测试片，对生食案板、熟食案板、三种菜品的菌落总数和大肠菌群进行测试，并做好记录。

#### 3.4.3 健康活动

中衡设计集团工会常常为员工组织开展丰富多彩的文化体育健身活动，目前已组建篮球、足球、乒乓球、羽毛球、健身、亲子、游泳、徒步、摄影、自行车等社团，定期开展活动，每季度不少于一次。丰富多彩的社团活动为全体员工提供了强身健体、陶冶身心的机会。此外，工会还定期组织急救培训、健康讲座等活动。

## 4 参与单位工作介绍

中衡设计集团股份有限公司（原苏州工业园区设计研究院股份有限公司）创立于 1995 年，是“中国—新加坡苏州工业园区”的首批建设者，全过程亲历者、见证者和实践者。2014 年 12 月 31 日公司于上交所成功上市，成为国内建筑设计领域 IPO 上市公司。目前拥有 11 家分公司，员工 3600 名。业务范围涵盖城市规划、城市设计、建筑设计、景观设计、室内设计、幕墙、灯光、绿建、智能化、工程监理、工程管理、工程总承包、全过程咨询等领域。

中亿丰建设集团股份有限公司创立于 1952 年，是江苏省首家获得建筑工程和市政公用工程施工总承包特级资质及市政行业甲级、建筑设计甲级、岩土工程（勘察、设计）甲级的“双特三甲”民营企业，拥有特、一、二级资质 20 余项，资质结构齐全。以大型工程总承包施工为主营业务，涵盖城市规划、建筑设计、基础设施、交通、房地产、商业综合体、民用住宅、公共建筑等各个领域。

## 5 总结

据统计，采用地源热泵等节能技术，大楼用电量降低了 25%；收集处理雨水回用于景观补水、绿化浇灌、道路冲洗和冷却塔补水，节约了 13% 的用水量。物业中心悉心到位的管理，获得用户的一致好评。在使用者满意度调查中，室内环境总体满意度和物业管理服务总体满意度均接近满分。可以说，中衡设计集团研发中心大楼是一座真实可用、可示范展示、具有人文关怀的绿色健康建筑。

# 重庆博建中心

咨询单位：重庆大学
设计单位：重庆博建建筑规划设计有限公司
施工单位：重庆市博建房地产咨询有限公司
项目地点：重庆市渝北区
建筑面积：19935.45m$^2$
作　　者：丁勇、张竞元、罗迪
　　　　　重庆大学

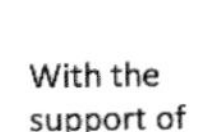

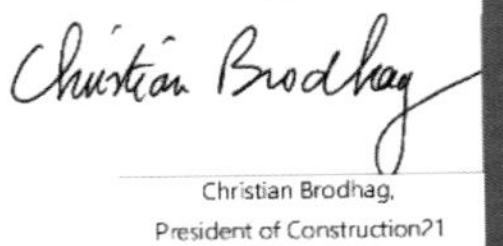

## 1 项目简介

重庆博建中心位于重庆市北部新区翠云街道翠渝路 46 号，西临金开大道、东靠翠渝路，南部是改建中的西部建材城，北面为金兴大道。距重庆市江北机场 10km，距重庆火车北站 9.8km。项目建设用地为方形，东西向高差 7m，东高西低，南北向高差 5m，南高北低。项目东侧为美利山住宅小区，南侧紧邻一家小型医院，西侧为规划中的城市绿地，北侧为其他企业总部用地。该项目由重庆市博建房地产咨询有限公司投资建设，重庆博建建筑规划设计有限公司设计，重庆市博建房地产咨询有限公司运营，总占地面积 $4100m^2$，总建筑面积 $19935.45m^2$，2018 年获得第六届 Construction21 国际“绿色解决方案奖”—“温带节能建筑解决方案奖”国际入围奖。

项目作为博建建筑设计有限公司及相关设计和配套企业的总部和办事机构，由地上九层、地下四层构成。重庆博建中心作为重庆博建建筑规划设计有限公司和重庆市博建房地产咨询有限公司打造的办公楼，采用绿色建筑的配套技术，开展绿色建筑技术的集成与创新，旨在成为“科技中心、低碳中心、文化中心”，成为国际、国内知名的绿色建筑。在设计过程中，设计团队积极探索适用于重庆地区的绿色建筑被动式技术。结合气候资源特点，进行技术、设备、系统的选择，带给人不同的感官体验，用丰富的设计元素表达了“重庆博建”的视野及企业形象，体现绿色、环保、以人为本的核心思想（图 1~ 图 3）。

图 1 实景图（一）

图 2 实景图（二）

图 3 实景图（三）

## 2 可持续发展理念

该项目的绿色建筑体系由被动式设计、主动式技术、资源节约与室内环境设计三部分组成，通过三类技术的有机结合，实现了项目在设计、施工、运行的建筑全生命期内的高效化和绿色化。

项目采用底部架空（图 4、图 5）、天井（图 6）、外廊道（图 7、图 8）和错落有致的中庭设计（图 9），改变建筑形态及内部流道，达到较好的自然通风效果；针对太阳辐射弱、日照时间短的特点，采用了天井、天窗、导光筒等技术，有效地改善了自然采光；针对山地条件下存在坡道和高差的问题，运用底部架空、建筑退台等设计，结合山地坡道、中庭空间，合理进行了建筑的竖向设计；系统性地考

图 4　底部架空图（一）

图 5　底部架空图（二）

图 6　天井

图 7　外廊道（一）

图 8　外廊道（二）

图 9　中庭

虑建筑朝向与外形等因素、结合所在地的风环境，采用地道风系统，充分挖掘山地建筑自然通风潜力，发挥重庆气候资源优势，有效地降低了空调负荷。

项目选用高能效空调设备，空调系统部分负荷性能系数（IPLV）在 5.00~5.45 之间，均明显高于国家标准对 IPLV 不低于 3.95 的要求。

项目办公层中可变换功能的室内空间均采用灵活隔断（图 10、图 11），保证拆装过程不影响周围空间的使用，材料能够循环利用；为了还原建筑的真实性和质朴性，整个建筑采用清水混凝土作为主体建筑材料，局部建筑立面及景观矮墙采用干挂石材等混合材料。考虑到重庆地区降雨丰沛，项目一方面设置了透水地面、垂直绿化滞留雨水，减轻排水压力；另一方面进行了雨水回收利用处理，将回收的雨水用于绿化灌溉和蓄水屋面；采用绿化地面、平台绿化、垂直绿化、人行步道绿化和屋顶绿化等多种绿化形式，夏季遮阳、冬季采光，改善了室内的光环境和热环境。

图 10　灵活隔断（一）

图 11　灵活隔断（二）

## 3　技术措施

### 3.1　地道风系统

项目设置地道风系统（图 12），以建筑负三层的外沿廊道作为地道—空气换热器，设置回廊式及架空式地道风风道，将室外新风引入并进行热交换后经由廊道末端机房加压，通过送风井道输送到各个楼层。项目所在地主导风向为北风，其次为西北风，建筑西侧临城市谷地，是风的发源地，风从西侧开阔地带吹向建筑，形成较好的自然风场。建筑开敞口面向西北方向，将主导风的流向和建筑结合，自然风被引进建筑内部，并且合理利用地热资源，通过预处理空调新风提高空调系统效率。

### 3.2　自然通风

项目受所在地山脉影响，主导风向以西北风为主，场地周围风速小，瞬时风速≤ 5m/s。项目建设用地形状规整，但是东西向和南北向都具有较大的高差，东西向高差 7m，东高西低，南北向高差 5m，南高北低。为使建筑适应场地，并满足建筑自身在局地小气候下自然通风的特殊要求，参考重庆传统建筑吊脚楼采用底层架空的设计，架空层高 6~10m，面积约 800m$^2$，在东西方向上贯通；并在朝向上进行了合理布置，建筑迎

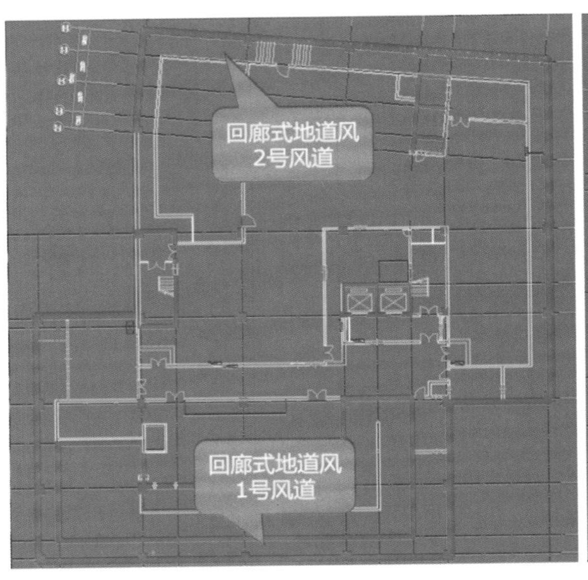

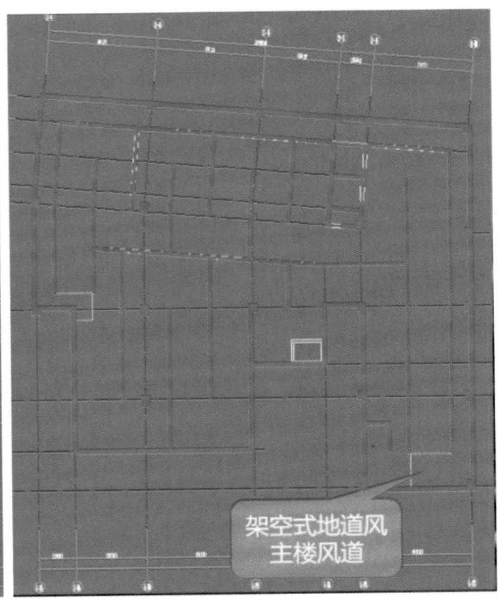


图 12 地道风系统

风面主要是西面及北面。这种设计改变了建筑内部的流道，由西北方向吹来的自然风流经底部架空层，穿过一层的大厅走廊，进入建筑中部的天井，形成较强的气流流动，形成了拔风井的效果，达到了较好的自然通风效果。

## 3.3 自然采光

为了减少建筑照明能耗，该项目在建筑的地上部分和地下部分分别采取了不同的方式以改善自然采光（图 13~ 图 15）。在地上部分，项目在建筑中部设置了天井，在 9 层办公区域的走廊处设置天窗，在办公室和会议室设置了大面积侧面采光；在地下部分，项目在半地下室食堂设置了高窗，在负一层车库设置了导光筒。项目中使用的天井、天窗、高窗、导光筒等自然采光设施效果良好，在室外气象条件较好的情况下，可以基本满足标准要求，有效地降低了人工照明的使用时间，减少了照明能耗。

## 3.4 建筑节水

重庆地区降雨丰沛，该项目在 9 层屋顶设置容积为 88m$^3$ 的蓄水池（图 16），雨水回用量为 4079.85m$^3$/a，非传统水源利用率为 28.63%。通过该蓄水池收集屋面及场地雨水，雨水从屋面及道路汇集于雨水初期弃流装置，之后进入全自动过滤器，然后通过回用管道

图 13 自然采光（一）

图 14 自然采光（二）

图 15 自然采光（三）

（图 17、图 18）加压输送至绿化用水点、道路冲洗用水点。同时选用滴灌的方式提高水资源利用率，有效地节约了水资源。

### 3.5 透水地面

采用如植草砖、透水沥青、透水混凝土、透水地砖等透水铺装系统，既能满足路用及铺地强度和耐久性要求，又可以改善地面透水性能。增加绿化覆盖率、户外透水铺装面积，缓解城市热岛效应。该项目场地内公共绿地、卵石地面均为透水地面（图 19），透水地面面积占室外地面总面积的 45.11%（图 20）。

### 3.6 智能控制系统

该项目空调系统室外主机采用智能化多级能量调节，高效节能，对其制冷、制热能力自动进行有效调节，并根据室内空调不同的负荷需要，进行按需供冷（热）。各房间室内机设置一台线控器，用于调试和控制单台室内机，同时也可根据使用情况设置集控器，对多台室内机进行集中控制与管理。由于多联机系统采用了先进的温度控制技术、冷媒分配技术和智能化控制技术以及设置了高度灵敏的温压网络系统，系统可根据用户需求，精确感应室内环境的冷热负荷变化，迅速准确地进行温度调节。

## 4 参与单位工作介绍

重庆大学是重庆市第一批绿色建筑技术支撑单位，重庆大学作为该项目的绿色建筑技术

图 16 蓄水池

图 17 建筑节水回用管道实景

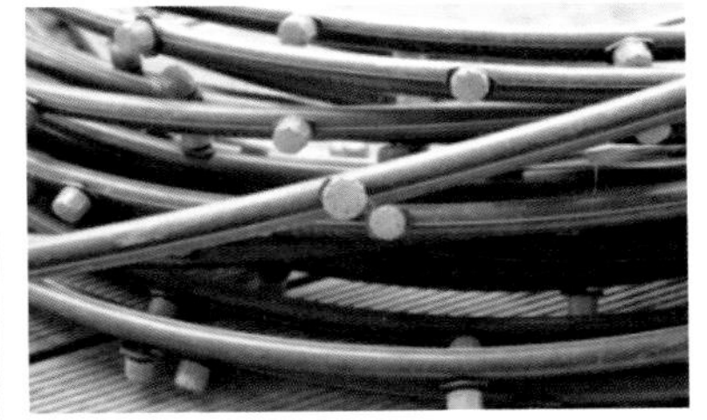

图 18 建筑节水回用管道

图 19 透水地面实景图

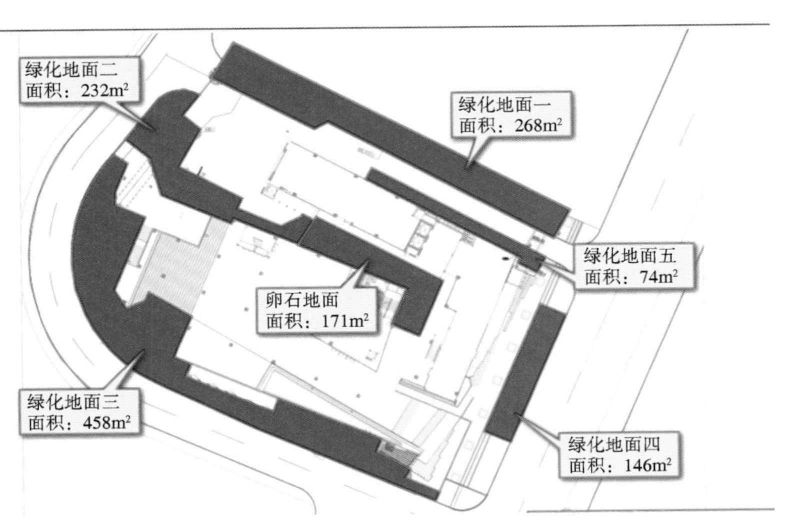


图 20 透水地面占比图

咨询单位，努力发掘重庆博建中心的亮点技术，将其建设成“科技中心、低碳中心和文化中心”，组织开展绿色建筑技术集成与创新应用，使重庆博建中心真正成为国际、国内知名的绿色建筑。

重庆博建建筑规划设计有限公司在设计过程中，设计团队积极探索适用于重庆地区的绿色建筑被动式技术，结合气候资源特点，进行技术、设备、系统的选择，带给人不同的感官体验，用丰富的设计元素表达了“重庆博建”的视野及企业形象，体现绿色、环保、以人为本的核心思想。

重庆市博建房地产咨询有限公司制定并实施施工节能，创新全产业链服务能力，组织建筑主体工程施工和装修，把重庆博建中心由设计转化为实体。

## 5 总结

项目运营阶段重庆大学的调查显示，业主对重庆博建中心服务总体满意。在管理团队的不懈努力下，重庆博建中心的节能潜力得到很好的挖掘，在项目设备负荷不断增加、人员不断增加的情况下，完成了有关部门的减排任务，实现了能源总量逐年下降、用能费用逐年减少的目标。

重庆博建中心设计、建设和运营管理中的诸多经验都值得推广。该项目针对山地条件下存在坡道和高差的问题，巧妙地利用地形整合建筑体量，合理进行了建筑的竖向设计，运用底部架空、建筑退台、分层筑台等设计，结合山地坡道、中庭空间，合理利用建筑空间，减少了土石方挖填量，还原了山城重庆特有的生活方式，为复杂地形的建筑工程问题提出解决方案，使山地建筑的安全性更有保障。创新性地采用绿化墙面结合呼吸式绿化外遮阳系统，在各立面设置垂直绿化，夏季植物茂盛，可减少太阳辐射能量，冬季便于阳光进入室内，改善室内光环境、热环境，还能丰富城区园林绿化的空间结构层次和城市立体景观艺术效果，营造和改善城区生态环境。结合气候资源特点，项目进行技术、设备、系统的选择，使得室内热湿环境、建筑风环境、建筑光环境，以及建筑声环境等都满足绿色建筑性能要求，达到了提高人员居住舒适度、节能降耗、环境优美的目标，节能率达到 50% 以上。办公层中可变换功能的室内空间均采用灵活隔断，保证拆装过程不影响周围空间的使用，材料能够循环利用，创造了完美的阅读空间，休息、阅读互不干扰。用书架或者展示柜来做空间隔断，也是一物两用的佳作，部分隔断采用了纸张、回收箱体等制作，体现了艺术与人文、环保的结合。该项目以山顶上的重庆吊脚楼为设计起点，结合低碳技术手段营造属于重庆的独特办公环境，形成以现代建筑语言为母体的重庆印象建筑，丰富和提高了人们的艺术修养，陶冶了生活情操。该项目是在重庆地域特征下的被动优化设计、主动强化改善的可持续发展理念的体现与实践。

重庆博建中心被授予重庆市绿色建筑竣工标识（金级），随后被授予国家二星级绿色建筑设计标识，并于同年获得重庆市优秀工程勘察设计一等奖，韩国建筑大师承孝相评价此建筑“很重庆”，美国景观大师玛莎·舒瓦茨评价此建筑“非常重庆”。重庆博建中心作为重庆市绿色建筑专业委员会、西南地区绿色建筑基地等的示范推广项目，对绿色建筑理念在重庆市的推动以及引领行业发展方向方面起到了积极的作用，是绿色建筑的优秀作品。

# 中建科技成都绿色建筑产业园（一期）产业化研发中心

投资单位：中建科技集团有限公司
设计单位：中国建筑西南设计研究院有限公司
建设单位：中建科技成都有限公司
项目地点：四川省成都市
项目工期：2016年10月—2018年12月
建筑面积：4409m²

作　　者：张欢、朱清宇、马超
中建科技集团有限公司

THE ENERGY & TEMPERATE CLIMATES PRIZE
OF GREEN SOLUTIONS AWARDS 2020-21 CHINA

Green Building Industrial Park of China Construction Science and Technology Chengdu (Phase I) - Industrialization Research and Development Center
Chengdu, China

Stakeholders

- Developer: China Construction Science and Technology Group Co., Ltd.
- Designer: China Southwest Architectural Design and Research Institute Co., Ltd.
- Developer: China Construction Science and Technology Chengdu Co., Ltd.

DELIVERED ON JULY, 2021, IN PARIS

Christian Brodhag
President of Construction21

THE COMPETITION WAS HELD BY

WITH THE SUPPORT OF

# 1　项目简介

中建科技成都绿色建筑产业园（一期）产业化研发中心项目位于四川成都，天府新区成都直管区新兴工业园区内，由中建科技集团有限公司投资，中国建筑西南设计研究院有限公司设计，中建科技成都有限公司建设而成，总建筑面积 4409m$^2$，2021 年获得第八届 Construction21 国际“绿色解决方案奖”—“温带节能建筑解决方案奖”国际入围奖。项目主要功能为办公和住宿，包含办公研发、公寓餐饮配套、技术展示等功能。项目为国内第一个采用预制装配式混凝土结构的超低能耗建筑；项目尝试对未来建筑的发展方向进行探索，将装配式建筑、超低能耗建筑、绿色建筑及智慧建筑四大技术体系相融合，是装配式混凝土结构超低能耗公共建筑；项目为“十三五”国家重点研发计划项目示范工程，已获得住房城乡建设部与德国能源署联合颁发的“中德合作高能效建筑——被动式低能耗建筑质量标识”和中国三星级绿色建筑设计标识（图 1、图 2）。

图 1　项目东南侧实景照片

图 2　项目局部实景照片

## 2　可持续发展理念

项目所在地成都属于夏热冬冷地区，夏季高温高湿、冬季潮湿阴冷，为达到舒适的室内环境以及超低的能耗目标，为在更严酷的气候条件下实现预制装配式被动式超低能耗建筑目标，项目在以下方面进行了突破和创新。

绿色建造。从建造过程绿色化的维度，项目实现了标准化设计、工厂化生产、装配化施工、一体化装修和信息化管理，采用装配式建设和装配式装修等绿色建造方式，应用了预制外墙板、桁架叠合板、预制楼梯、预制柱等，装配率高达 60% 以上，在建造阶段减少了建材使用，降低了设备耗能；从建筑性能绿色化维度，项目遵循绿色建筑、被动式建筑的基本原则，采取的技术措施主要有高性能保温隔热非透明围护结构、高性能外门窗系统、外围护热桥处理技术、高气密性技术、高效新风热回收系统及可再生能源利用技术，集成多种创新和先进的节能技术，营造健康舒适的室内环境，将项目打造成为高品质、高节能建筑的标杆，对装配式建筑及超低能耗建筑的技术应用起到了示范推广作用。

安全耐久。项目为装配式混凝土建筑，办

公楼采用装配整体式混凝土框架结构体系，公寓楼采用装配整体式剪力墙结构体系，装配率88%。办公楼外墙首次研发和应用了集围护、装饰、节能、防火于一体的轻质微孔混凝土复合外墙板体系，公寓楼外墙采用了集围护、装饰、节能、防火于一体的夹心保温“三明治”外墙板，符合超低能耗建筑热工性能要求，相比传统外围护结构体系质量也更加可靠、更安全耐久。采用BIM技术进行设计和施工。在建筑选材时采用Q345和HRB400以上等级的高强建筑结构材料。

资源节约。项目的创新点之一即提出了夏热冬冷地区适宜的超低能耗建筑技术解决方案，提出了夏热冬冷地区装配式建筑中无冷热桥、高气密性、保温连续的整体性解决方案，在室内防水隔汽要求中提出了新的高可靠、高耐久性的解决方案。项目西南向立面外窗全部设置百叶可调节外遮阳系统，改善室内热舒适性，且控制室内眩光。冷热源采用地埋管式地源热泵系统，采用装配式机房，实现供暖、供冷，也可以实现冷却塔免费冷却功能。充分利用自然采光，合理设置窗墙比，展厅设置12个导光管改善室内采光；在满足眩光限值及配光要求的条件下，室内照明选用效率高的灯具，各区域照明功率密度值满足目标值要求。

健康舒适。参照《被动式超低能耗绿色建筑技术导则（试行）》制定室内环境目标，空调系统采用温湿度独立控制实现室内舒适度目标，采用离子瀑技术实现99%以上的空气净化效率。高效围护结构保证了围护结构内表面无冷凝、不发霉、不结露，室内温度场均匀。围护结构气密性好，导致噪声低，通过核算，三层办公室在关窗状态下，室内噪声为36.6dB。

## 3 技术措施

### 3.1 被动式建筑设计

#### 3.1.1 建筑设计

项目秉承“被动优先、主动优化”的设计总原则，在建筑方案设计时，结合项目所在气候区因地制宜地利用自然采光、太阳房、自然通风、建筑遮阳、建筑蓄热等被动式技术，营造健康舒适的室内声、光、热环境，降低建筑能源消耗。建筑平面根据用地红线设计，将建筑分为办公楼与公寓楼两部分，其中设中庭，以便于获得良好的自然通风以及自然采光，另外在办公楼一层部分设置光导管，以有效利用自然采光。

项目组对建筑全年动态负荷进行计算以确定建筑各项参数（图3、图4），特别是围护结构热工性能的确定。通过模拟发现，通过外窗辐射造成的冷负荷占比最大，需对外窗进行遮阳设计，在成都地区的气候条件下，夜间散热效果非常明显，围护结构传热系数不适宜取值太小。

#### 3.1.2 装配式高性能外墙板

项目办公楼部分采用装配式混凝土框架结构体系，外墙板部分探索在夏热冬冷地区采用自保温+内保温模式的装配式混凝土外墙，具体构造为装配式复合外挂板（140mm结构混凝土+100mm发泡微孔混凝土）+20mmHVIP板+气密层。外墙平均传热系数为0.3W/(m$^2$·K)（图5）。

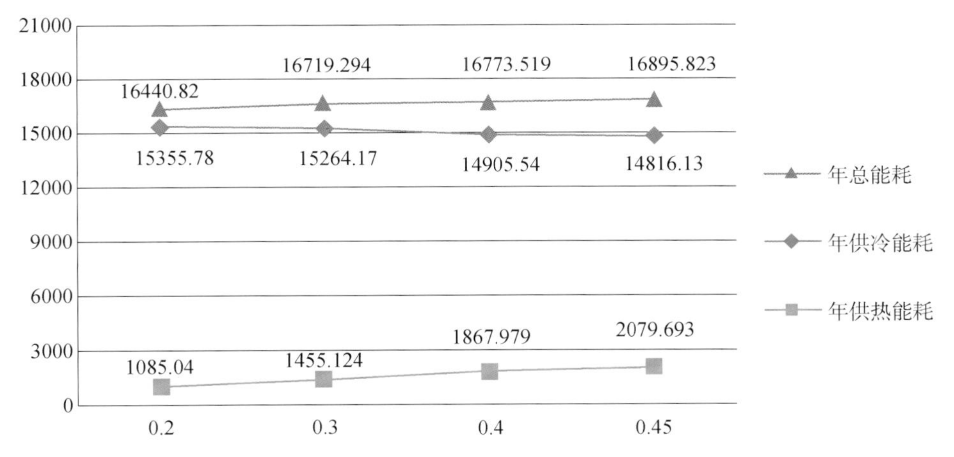


图 3　办公楼部分能耗模拟结果

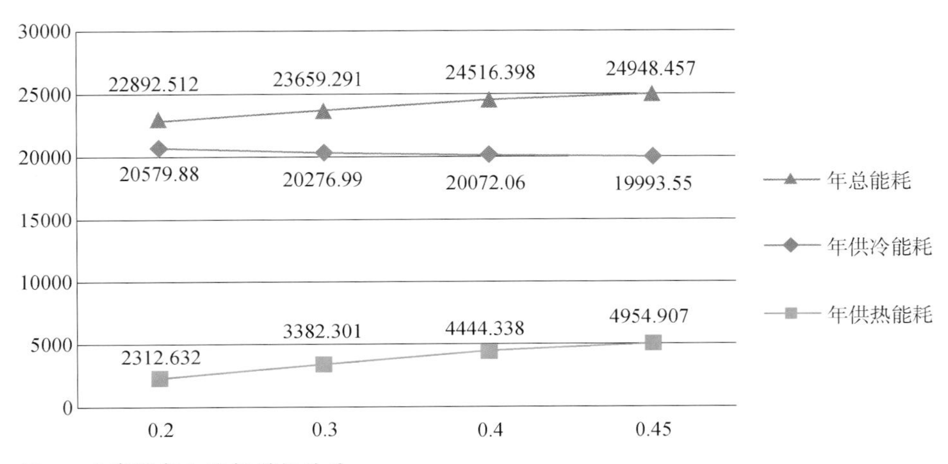


图 4　公寓楼部分能耗模拟结果

公寓部分外墙为混凝土剪力墙结构，外墙采用“三明治板”，具体构造为 200mm 钢筋混凝土 +80mm 挤塑聚苯板 +60mm 钢筋混凝土。外墙平均传热系数为 0.4W/(m$^2$·K)（图 6）。

### 3.1.3　无热桥与高气密性技术

装配式建筑具有多板缝、多节点的特点，因此该项目更应严格控制热桥的产生，对建筑外围护结构进行无热桥设计，另外针对板缝节点，需处理好节点部分的气密性，即节点部分需要综合处理好防结露、防水、防热桥问题。

项目办公楼和公寓楼各自的外墙、外窗安装节点、进出建筑物的管道及遮阳构件安装均采用了相应的防结露、防水、防热桥处理技术（图 7）。

## 3.2　暖通空调通风系统

### 3.2.1　地源热泵 + 模块化机房项目

项目采用 eQuest 软件、BEED 软件、鸿业与 Design Builder 软件，分别计算了冷热负荷。通过对计算结果的详细分析与论证，最终确定了建筑的冷热负荷。项目夏季冷负荷为 169kW，

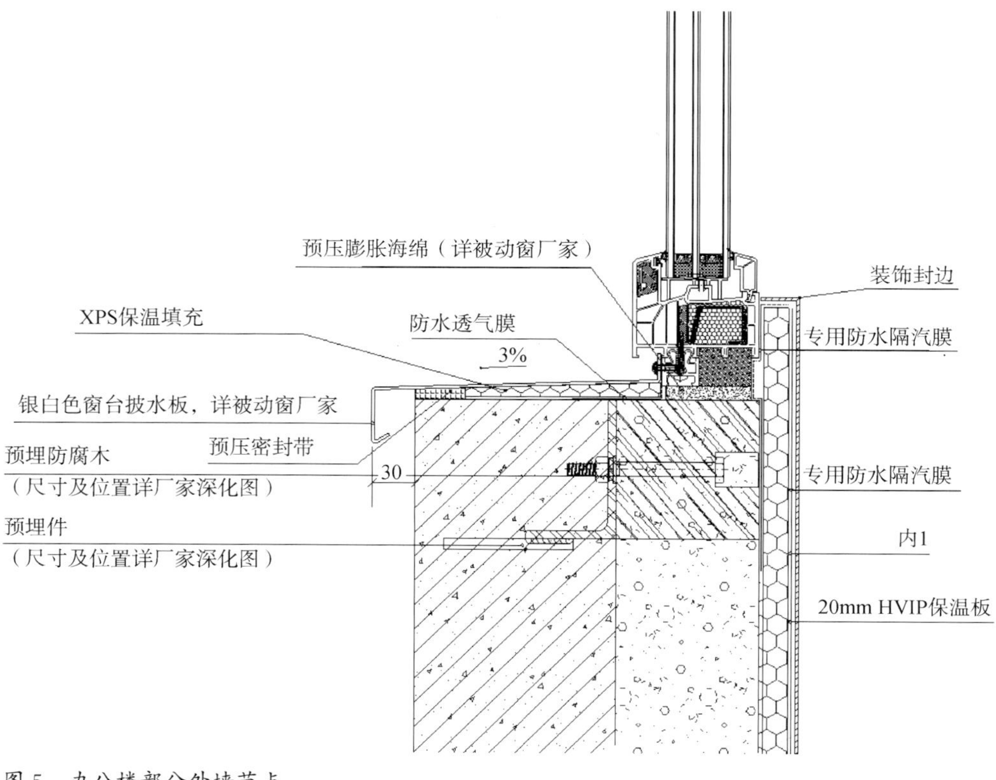


图 5　办公楼部分外墙节点

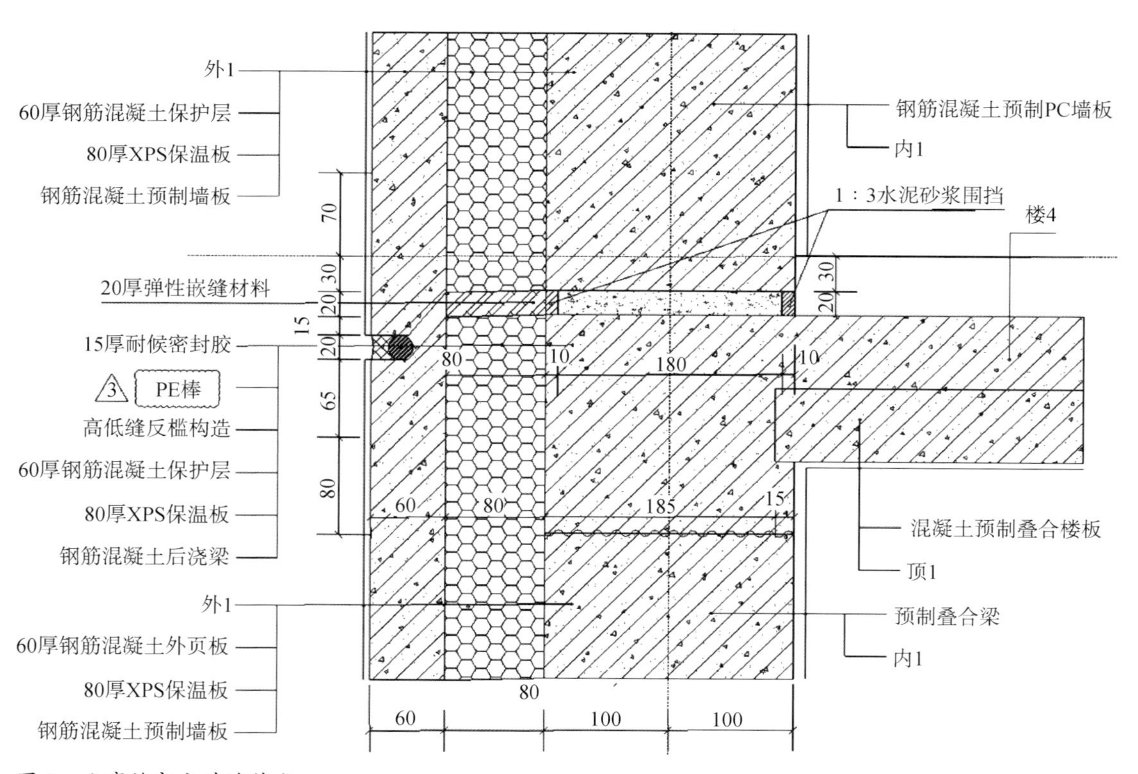


图 6　公寓楼部分外墙节点

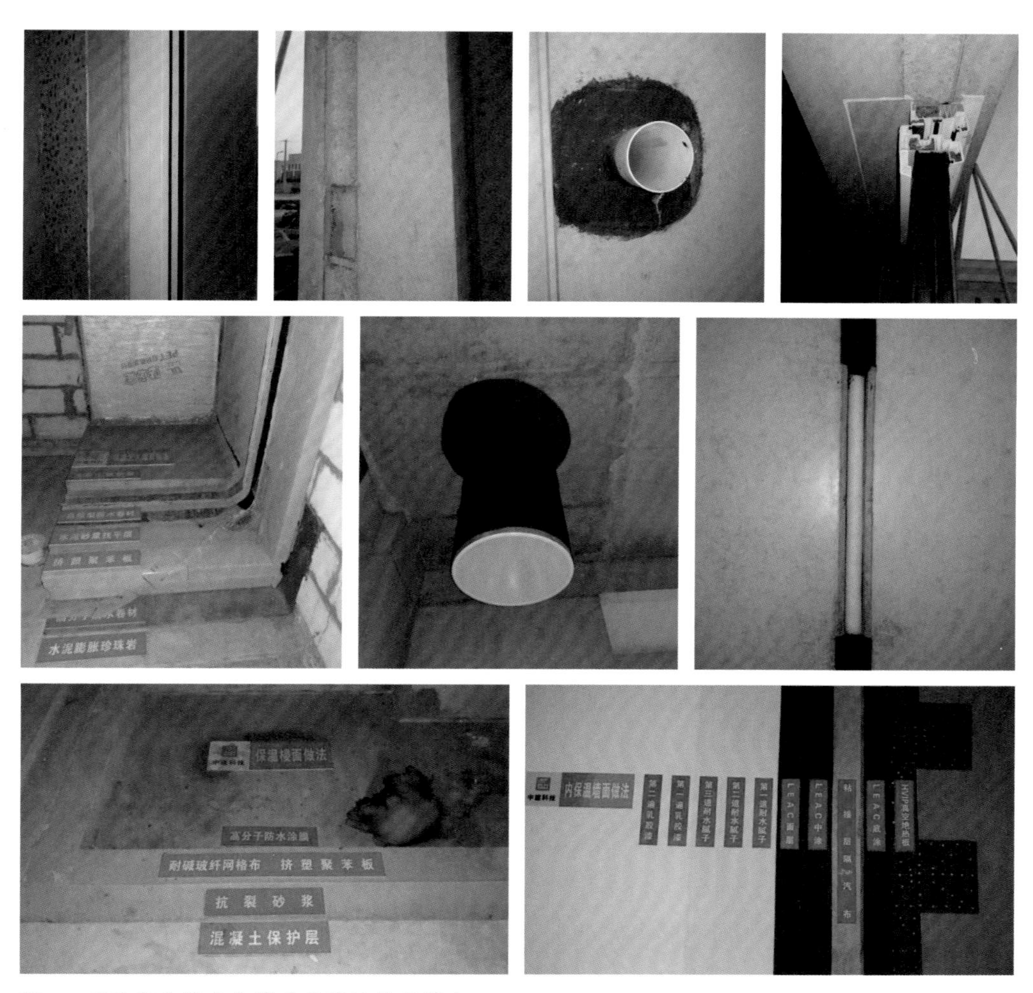


图 7　项目部分节点热桥及气密性处理节点

冬季热负荷为 49kW，生活热水负荷为 47kW。

冷热源采用地埋管式地源热泵系统，地源热泵的出水温度设置为两套系统，其中一套高温出水设备供应干式风机盘管和辐射供冷供暖，一套标准出水温度设备用于新风系统的冷却除湿（图 8）。

垂直埋管采用并联双 U 形，埋管面积 $2\times120m^2$，钻孔直径 160mm，孔间距 8m，埋管直径 De32，有效深度 100m，钻孔数为 32 孔，分为 2 组，每组设一个分布式光纤测温孔。

分布式光纤测温孔的主要功能是测试工程孔的地下温度分布及变化数据，对数据加以分析利用，通过机房内设置的地源热泵地温监测控制系统，调整各区域运行时间，使各区域吸热量均衡。地温监测控制系统与站房空调节能控制系统相互配合，实现冷热源系统的自动化控制。

冷热源机房采用工业化方式设计，循环水泵均采用热泵机组专配水力模块，水力模块与热泵机组分两层布置，可以节省 1/3 的机房面积（图 9）。

#### 3.2.2　复合通风系统

首先利用外窗实现自然通风，项目外窗可开启面积占比达到 30%，在过渡季节可以实现

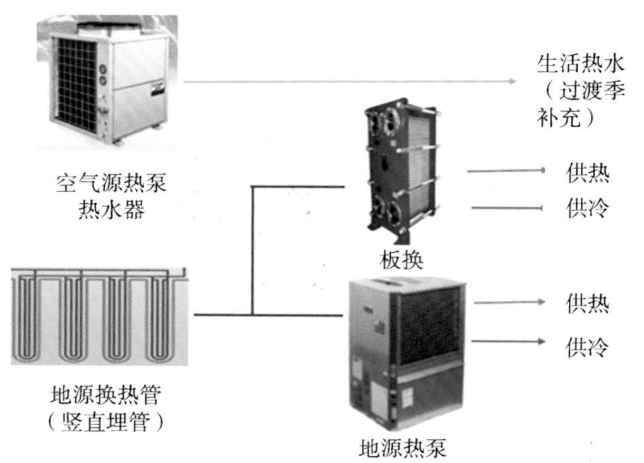


图 8　冷热源系统设计示意图

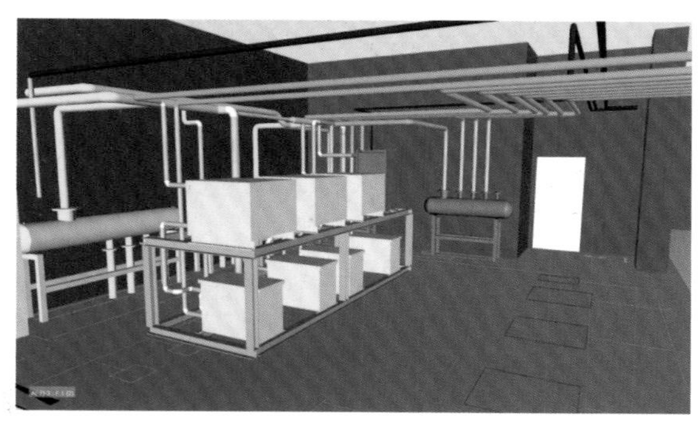

图 9　冷热源机房工业化设计 BIM 模型

完全自然通风，在夏季和冬季可以部分时间开窗通风。在外窗安装开启感应器，与辐射供冷空调联动，避免在开窗的同时开启空调系统。根据成都气象参数核算可开启时间段，并通过智能化方式向室内办公人员推送可开窗通知。

在自然通风不能满足降温要求的时段，办公楼一层和二层可以使用风扇。根据相关资料，室内风速从 0.15m/s 提高到 0.60m/s 后，会产生降低 3℃的制冷效果，即空调的设定温度可以从 24℃提高到 27℃，节能效果可达到 18%。

项目还设计了地埋管新风系统对新风进行预冷或预热。地层深处全年的温度波动较小，在冬季和夏季与地面空气温度相比有较大的温度差时，可利用地道送风系统，在地道风系统内空气与土壤进行冷热交换实现升温 / 降温，与人工制冷相比可节省投资 70% 以上，节省电能约 80%。

当地埋管新风系统不能满足要求时，启用空调系统。机械新风系统按照 $30m^3$/（h · 人）设定，设 3 组新风系统：办公楼的展厅和多功能厅空间较大，且需求时间很灵活，单独设置一组新风系统；办公楼其他区域设置一组新风系统；公寓楼有不同的通风时间需求，单独设置一组新风系统。

项目采用健康、环保、低能耗的热泵型热回收新风系统，新风机组中的显热回收段可以省去冷却除湿后新风的再热能耗，同时减少了冷却除湿的能耗，系统的能效和“热湿”回收效率较高。

## 3.3　新型产品应用与示范

### 3.3.1　布袋送风

一层展厅部分区域采用布袋送风（图 10）。送风布袋是一种由特殊纤维织成的柔性空气分布系统，主要靠纤维渗透和喷孔射流的独特出风模式实现均匀送风。该系统具有如下优点：面式出风，风量大，无吹风感；防凝露；易清洁维护，健康环保；美观、色彩多样，个性化突出；质量轻；系统运行安静；安装简单等。

### 3.3.2　HVIP 气凝胶真空绝热板

真空绝热板是将含有诸多纳米孔隙的芯材保温板，封装于高阻隔膜内，再经由真空工艺制得。HVIP 导热系数≤ 0.005W/(m · K)。其优势在于保温性能好，有安全的防火性能，系统稳定性好，节能环保，随着技术的发展与成

图 10　布袋送风示范

热，其单位面积价格将逐渐与传统保温材料的价格持平（图 11）。

### 3.3.3　辐射供冷供暖示范

二楼部分区域做辐射供冷供暖示范。辐射供冷供暖系统具有节能、舒适性高等优点，由于成都属于高湿地区，因此在该项目中进行示范性应用，并结合电动窗设计，确保空调开启时外窗关闭，以避免结露（图 12）。

### 3.3.4　离子瀑空气净化设备

离子瀑空气净化技术来自芬兰，其原理是

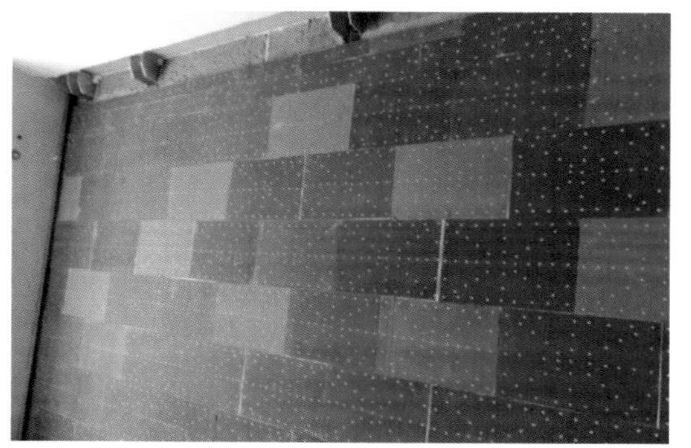

图 11　真空绝热板铺设

图 12　辐射供冷供暖示范

空气进入离子瀑室，数十亿正负离子瞬间释放，形成强大的离子场，将污染物瞬间推送到收集壁，不停机清理收集壁的污染物。被收集的颗粒物的大小范围从 0.001μm 的纳米级颗粒开始，此范围中包含可引起疾病的 0.02~0.3μm 的病毒，如 SARS 病毒、禽流感病毒等。该设备的特点在于可去除纳米级颗粒物、有害气体和异味，净化效率高达 99%，无须更换滤材，且具有自清洁功能，净化效率恒定。

## 4 参与单位工作介绍

中建科技集团有限公司是中国建筑集团有限公司开展科技创新与实践的“技术平台、投资平台、产业平台”，深度聚焦智能建造方式、绿色建筑产品、未来城市发展，致力于以智能建造推动生产方式变革，以科技创新孵化战略新兴业务，打造建筑科技产业集团，服务未来城市建设发展。中建科技是该项目的投资单位。

中国建筑西南设计研究院有限公司自建院以来设计完成了万余项工程设计任务，项目遍及全国及全球 20 多个国家和地区，是我国拥有独立涉外经营权并参与众多国外设计任务经营的大型建筑设计院之一。在该项目中，“西南院”承担了设计工作，并与中建八局联合承担 EPC。

中建科技成都有限公司为中建科技集团有限公司控股子公司，是中国建筑在西南地区的首个建筑工业化试点推广企业，致力于带动传统建筑向装配式建筑和绿色建筑的转型升级，成为具有高科技含量的装配式建筑示范基地和绿色建筑示范基地。中建科技成都有限公司是该项目的建设单位。

## 5 总结

（1）使用者福祉

项目营造了绿色优美的室内环境、舒适的室内热湿环境、良好的室内空气质量和健康的声、光热环境，打造了高品质办公和休息环境，提高了员工工作效率，增强了员工获得感和幸福感。

（2）经济效益

项目采用高性能保温隔热系统、门窗系统及能源环境系统等新技术、新材料、新产品，实现了建筑的超低能耗，有一定的增量成本。建设过程通过多项指南和统一标准指导项目工程高效、有序地进行，运营过程中大幅减少了供暖空调运行能耗，从而降低了项目的运营成本，建筑全年供暖通风空调用电量控制在 20kW·h/$m^2$ 以内，运行成本极低，可在一定程度上抵消增量成本的增加，从建筑全寿命周期角度是合适的。

（3）社会效益

项目方案设计充分考虑技术经济的合理性，采用合理的规划、建筑设计以及技术措施，实现了装配式超低能耗建筑的设计目标，充分体现了绿色建筑设计理念中“因地制宜”的设计精髓，达到了节能减排和绿色环保的目的，对夏热冬冷地区的超低能耗建筑技术起到了很好的宣传和推广作用。

（4）环境效益

项目在建筑设计过程中通过被动式绿色创新技术的使用，实现了建筑的低碳化目标，最大限度地减少了对化石能源的使用，减少了有害气体、烟尘的排放，改善了空气质量，减少了全寿命周期范围内产生的污染物和温室气体对建筑周边环境的影响，符合城镇化绿色发展理念，环境效益显著。

# IBR 上海 E 朋汇

建设运营单位：深圳市建筑科学研究院股份有限公司、上海杨浦知识创新区投资发展有限公司
项 目 地 点：上海市杨浦区
项 目 工 期：2013 年 12 月—2016 年 1 月
建 筑 面 积：1.8 万 $m^2$
改 造 面 积：1.3 万 $m^2$

作　　　者：孙冬梅、李雨桐、任俊、叶青
深圳市建筑科学研究院股份有限公司

**LOW CARBON**

The Low Carbon Award
of the Green Solutions Awards 2017 China is awarded to:

**IBR Green E Park**

- Architect:: Shenzhen Institute of Building Research Co., Ltd.

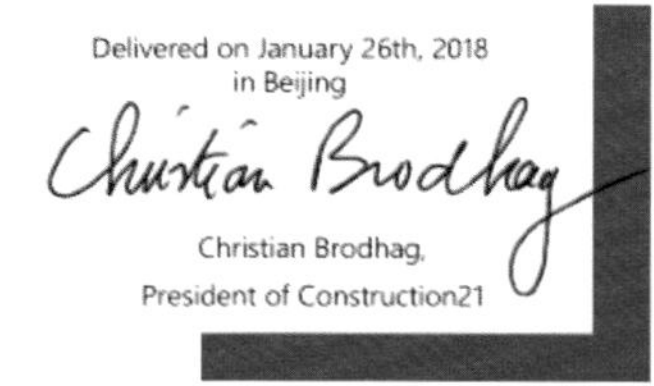

## 1 项目简介

IBR上海E朋汇项目（以下简称“E朋汇园区”）位于上海市杨浦区江浦路627号，由深圳市建筑科学研究院股份有限公司联合上海杨浦知识创新区投资发展有限公司投资建设运营。该项目改造前为上海钢琴有限公司旧厂房，改造后为集科研办公、实验检测、会议展示、人才公寓、餐饮休闲于一体的多元功能复合的绿色低碳生态园区。项目总用地面积7900m$^2$，总建筑面积1.8万m$^2$，改造面积1.3万m$^2$，2016年获得上海市既有建筑绿色更新改造金奖，2017年获得第五届Construction21国际“绿色解决方案奖”—“低碳建筑解决方案”国际入围奖（图1）。

图1 IBR上海E朋汇

## 2 可持续发展理念

E朋汇园区遵循“以人为本、开放共享”的设计理念，综合当地的气候条件、场地特征、风俗习惯、投资成本和建设管理规定等因素，采用本土化、低成本、精细化的绿色低碳园区规划设计方法和技术，将既有工业厂房改造为多功能复合的绿色低碳生态园区，打造成以绿色低碳为主题的产业集聚平台。

## 3 技术措施

E朋汇园区从社区功能复合提升、环境质量改善、绿色交通设施、建筑性能提升、资源高效利用和社区智慧运营管理六大方面开展绿色低碳建设，综合采用多项绿色低碳技术（图2）。

### 3.1 功能复合提升

（1）功能布局优化

E朋汇园区利用垂直城市和功能混合理念，实现了从单一厂房建筑到研发办公、实验检测、会议展示、人才公寓等在平面和立体的高度复合（图3），为园区使用者提供一站式的社区服务，提升土地利用价值，优化空间资源，减少园区内的交通能耗，提升生活效率，

图2　绿色低碳技术分布示意图

促进社会和谐，增强了社区归属感。

（2）交通组织优化

为了体现整个园区的整体性，提倡资源共享、公共开放的理念，在相邻建筑间设计连桥、连廊，加强不同楼宇间的交流与联系，创造便利的交通空间及资源共享平台（图4）。

（3）公共空间创意设计

公共空间与城市空间有机衔接。遵循低碳规划设计理念，营造区域开放和连通的公共空间（图5~图7）。依托城市生态网络与社区生态板块的有机衔接，将城市公园绿地、湿地系统与地块绿地、建筑立体绿化衔接，形成有机整体的城市绿色公共空间网络。联系周边山水景观环境，形成轴、点、廊结合的公共空间结构。创意办公空间采用中国版“WeWork”办公模式，办公工位分时租赁，免费为创业者提供无线网络、会议、行政、文印、法律、财务服务。

## 3.2　环境质量改善

E朋汇园区通过设计敞开式的前广场、底层架空、可开启的外墙等方式，将风引入内部无风区，加强局部通风环境。通过玻璃幕墙、玻璃采光顶、导光管等设计手段，引入自然光，改善地下室和大空间办公区域采光问题。通过设置“乔灌草”复合场地绿化、屋顶绿化、垂直绿化等方式，并结合景观水体，改善园区微气候和生态环境（图8）。

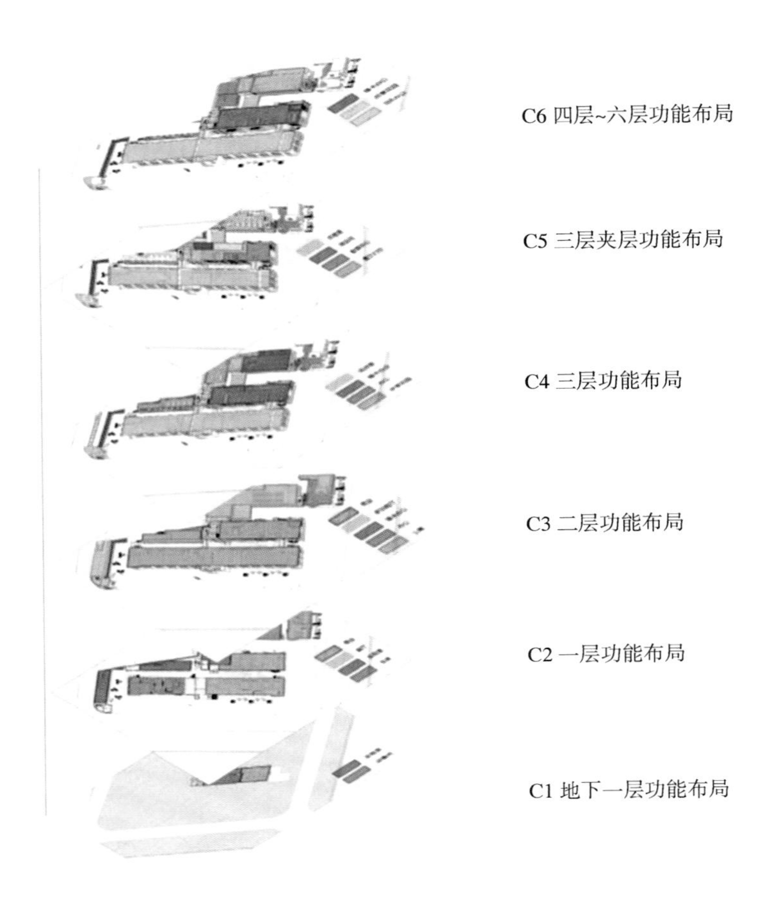


图 3　园区建筑功能布局

图 4　建筑之间通过连廊、平台连接

图 5　开放共享的室外公共空间

图 6　室外共享平台

图 7　共享会议空间

## 3.3　绿色交通设施

E 朋汇园区提供电动车充电 + 分时租赁电动车（图 9），可为园区工作人员及周边居民提供时租、日租、月租多种个性化租赁方案，满足个人、工作、家庭等不同场景下的用车需求，鼓励电动车出行，从而减少交通出行碳排放。

## 3.4　建筑性能提升

E 朋汇园区建筑设计遵循绿色低碳理念，采用了适应气候变化的可变建筑围护结构设计策略（图 10），充分利用过渡季自然通风、冬季日照、夏季遮阳，营造良好的建筑室内热环境和舒适度。

园区办公区域采用可全开启的平开窗，多

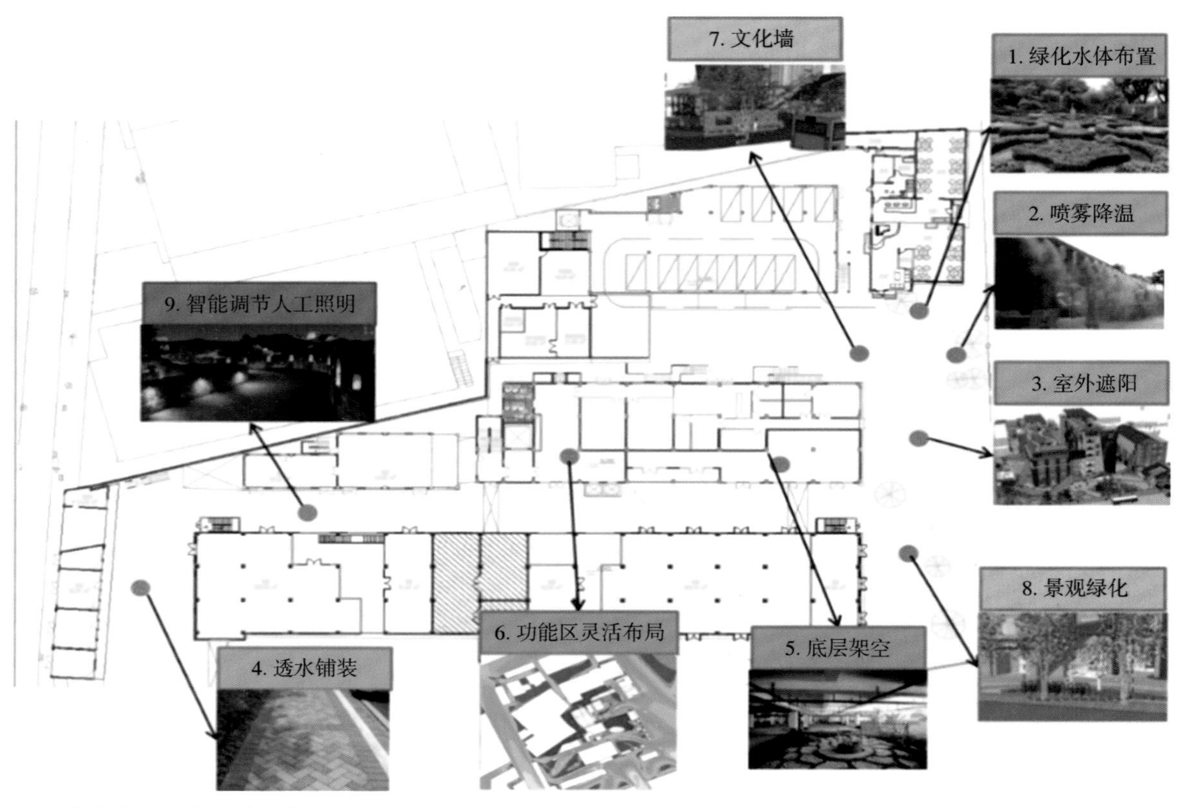


图 8　室外物理环境改善方案

图 9　分时租赁电动车及充电设施

功能报告厅采用可完全开启的旋转门，玻璃中庭区域采用可完全开启的中悬窗。据统计，该项目1~6号楼窗户可开启面积占比为51.73%，可充分利用过渡季节自然通风降温。全年可利用自然通风时间达2183h，约占全年时间的25%。

玻璃中庭区域原为楼梯间，采光通风较差。该项目借鉴江南传统建筑中“中庭采光”和“天井拔风”的做法，将楼梯间改造为玻璃

图 10　可变建筑围护结构设计

中庭（图 11）。冬季，利用玻璃中庭采光和日照产生的温室效应采暖，既满足了人们冬季晒太阳的需求，又能降低照明和采暖能耗。为改善玻璃中庭夏季室内热环境，设置电动可开启的外窗和电动遮阳帘，减少太阳辐射对室内热环境的影响。此外，项目设置采光天窗和光导管改善地下室自然采光效果。

园区改造前场地内多为硬质铺装地面，绿化率偏低，热环境较差。改造设计中保留了原有的高大树木，以便提供遮阴纳凉空间，并在建筑物的屋顶和立面种植夏季枝叶茂盛、冬季落叶的植物。夏季垂直绿化和屋顶绿化可起到遮阳降温和改善生态环境的作用；冬季植物落叶，可充分利用日照采暖，从而降低建筑采暖空调能耗（图 12）。项目总绿化面积为 1207.76m$^2$，其中场地绿化面积为 768m$^2$，垂直绿化面积为 121m$^2$，移动盆栽面积为 84.76m$^2$，屋顶绿化面积为 234m$^2$。

## 3.5　资源高效利用

### 3.5.1　能源高效利用

（1）智能照明系统

E 朋汇园区全部采用 LED 照明灯具，其中自用办公区域、多功能厅采用 POE+DALI 智能照明系统（图 13）。该系统通过网线实现供电和传输数据两个功能，具备日光感应、人员感应、场景个性化智能调控等功能，用户还可以通过手机 App 进行个性化灯光控制，为用户提供舒适的照明环境。室外景观照明均采用 LED 灯具（图 14），与景观水体和绿化结

图 11　中庭区域自然通风、自然采光、遮阳设计

图 12　屋顶绿化、垂直绿化

图 13　智能照明系统

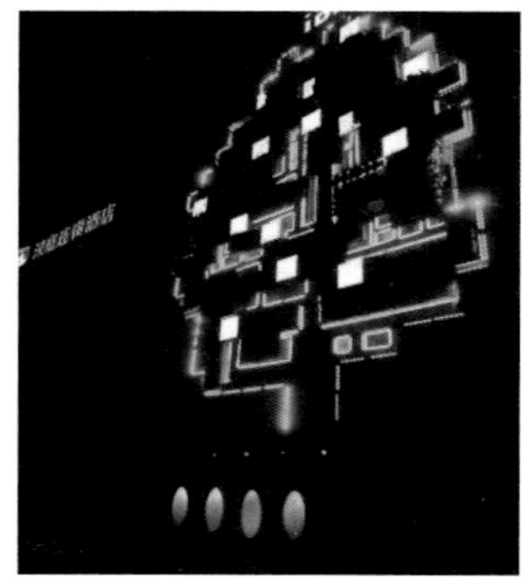

图 14　室外 LED 景观照明

合，营造出和谐安宁的环境氛围。

（2）可再生能源利用

E 朋汇园区建设 10kW 太阳能光伏并网系统和 54m$^2$ 的太阳能热水系统（图 15），可再生能源利用率达到 3.3%，年节能量 8.3t 标准煤，每年可减少二氧化碳排放 16.8t。其中太阳能光伏系统年发电量 1.27 万 kW · h，折合标准煤 4.6t，年减少二氧化碳排放 10.3t；太阳能热水系统年供热量 98.8GJ，折合标准煤 3.7t，年减少二氧化碳排放 6.5t。

图 15　太阳能热水、太阳能光伏系统

### 3.5.2 水资源高效利用

E 朋汇园区采用透水铺装、浅草沟、雨水花园、下凹式绿地、屋顶绿化、景观水池等低冲击开发技术措施，增加场地雨水入渗、自然循环利用，从而实现对雨水的有效控制与利用，场地雨水控制率达到 82%（图 16）。通过选用高效节水器具，利用节水灌溉与智能控制方式。采用膜—生物反应器中水处理系统进行过滤和消毒，建筑中水回用于建筑室内卫生间冲厕、场地绿化浇水、道路及广场冲洗、景观补水等，园区非传统水源利用率达到 43%（图 17）。中水 / 雨水控制及收集处理满足《建筑与小区雨水控制及利用工程技术规范》GB 50400—2016 等各项国家标准。

图 16　场地雨水入渗设施

图 17　中水处理系统

### 3.5.3 固废循环利用

E 朋汇园区改造过程中，将拆除的建筑隔墙用于场地内道路铺设，废旧管材用于垂直绿化树干材料，废旧地板用于楼层标识，充分利用可再循环与可再利用材料，实现材料的合理高效运用（图 18）。

废旧管材用作树干

废旧地板用于楼层标识

图 18　废旧材料循环利用

### 3.6 智慧运营管理

E 朋汇园区采用 IBMS 智能楼宇集成管理系统，包括智能化集成系统（IIS）、信息设施系统（ITSI）、信息化应用系统（ITAS）、建筑设备管理系统（BMS）、公共安全系统 (PSS)、机房工程（EEEP），可以实现对园区各种设备设施的全方位监控和智能化运行控制（图 19）。基于基础信息平台二次开发的运营管理平台，可实时监测并展示能源、水资源、环境、交通等数据，实现对园区各种设备设施的全方位监控和智能化运行控制。

## 4 参与单位工作介绍

深圳市建筑科学研究院股份有限公司作为该项目的投资建设、设计和运营管理单位，发

建筑概况

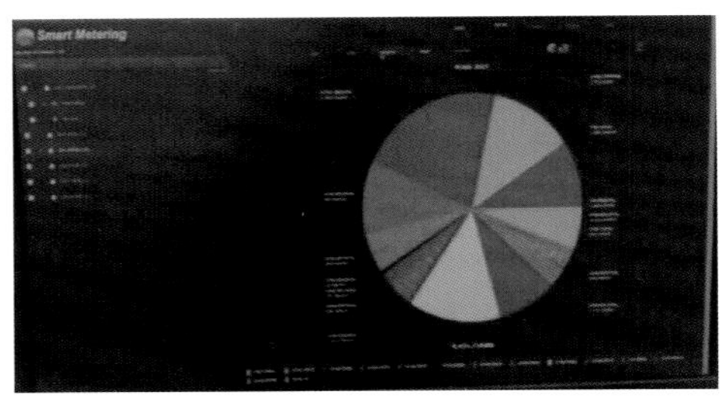


能源管理

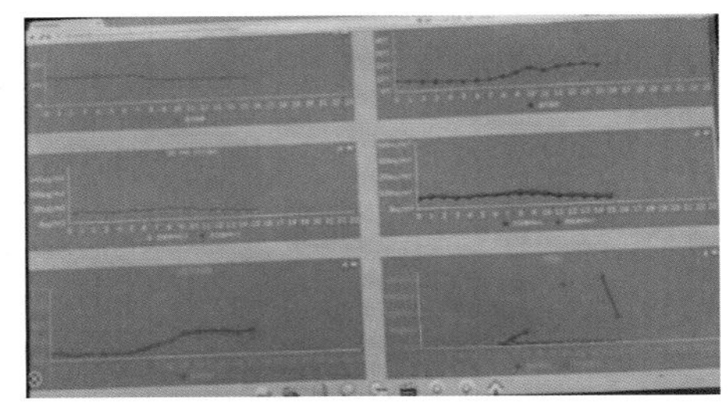

室内外环境监测

机电设备监控

图 19　智慧运营管理系统

挥其在绿色低碳城市建设领域的研究、规划、设计、建设和运营管理等多方面的经营、技术、管理和人才优势，将“十二五”国家科技支撑计划课题“城市社区绿色化综合改造技术研究与工程示范”研究成果应用于该项目的策划、设计、建设、运营全过程，以 DOT（设计—运营—移交）业务运营模式探索华东地区绿色低碳社区发展新路径，打造全国低碳生态城市建设的典型示范低碳社区项目。

## 5　总结

### 1. 环境效益

E 朋汇园区通过采用多项绿色低碳技术，建筑能耗比上海同类建筑降低 24%，可再生能源利用率 3.3%，非传统水源利用率达 43%，每年可节约用电量 28 万 kW · h，减少二氧化碳排放 223t。园区内的景观绿化、屋顶绿化和垂直绿化，每年可吸收二氧化碳 5716kg，释放氧气 4500kg，降低粉尘 140kg，将有助于显著改善场地生态环境和空气质量，缓解城市热岛效应。

### 2. 社会效益

E 朋汇园区围绕绿色低碳园区主题，打造了绿色低碳技术研发实验创新平台、绿色低碳技术孵化平台和绿色低碳行业交流共享平台，为实现绿色低碳产业创新集聚规模效应，带动和促进绿色低碳产业的全面发展提供了重要支撑。同时，E 朋汇园区为公众提供了更多的开放共享公共空间和体验空间，为科普绿色低碳发展理念、引导绿色低碳生活模式提供了展示与体验平台。

# 中德生态园被动房技术中心

设 计 单 位：RONGEN TRIBUS VALLENTIN GmbH
施 工 单 位：荣华建设集团有限公司
设计咨询单位：中国建筑科学研究院有限公司
建 设 单 位：中德生态园被动房建筑技术有限公司
项 目 地 点：山东省青岛市
项 目 工 期：2015年3月—2016年6月
建 筑 面 积：13768.6m$^2$


作　　　者：郝建立[1]、刘磊[2]、刘斌[2]、王银萍[2]
1. 青岛中德生态园置业有限公司；
2. 中德生态园被动房建筑技术有限公司


GREEN SOLUTIONS AWARDS

The Low Carbon Award
of the Green Solutions Awards 2018 in China is awarded to:

Passive House Technology Center
in Sino-German Ecopark

- Project holder: Qingdao Passive House Engineering & Technology Co., Ltd.
- Technical consultancy agency: China Academy of Building Research

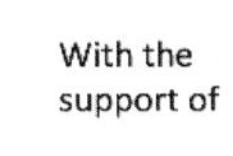

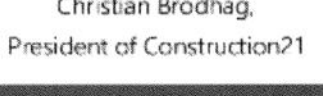

## 1 项目简介

中德生态园被动房技术中心（简称“被动房技术中心”）位于山东省青岛市西海岸新区中德生态园，由中德生态园被动房建筑技术有限公司、中德联合集团、青岛中德生态园投资建设，RONGEN TRIBUS VALLENTIN GmbH 设计，中德生态园被动房建筑技术有限公司运营，总占地面积 4843m$^2$，总建筑面积 13768.6m$^2$，2018 年获得第六届 Construction21 国际“绿色解决方案奖”—“低碳建筑解决方案奖”国际入围奖。

该项目获得了德国被动房研究院（PHI）颁发的被动房认证、中国被动式超低能耗建筑标识、中国三星级绿色建筑设计标识，成为亚洲体量最大、功能最复杂的单体被动式建筑。该项目是严格按照 PHI 技术标准打造的“亚洲样板”，集被动式建筑技术展示、交流和培训、办公、体验居住等多功能于一体。该项目的建筑设计创意来源于“鹅卵石”，并将该设计元素贯穿建筑内部结构、立面造型与园区景观规划，成为生态园区建筑设计与建筑节能技术应用的核心亮点（图 1~ 图 12）。

图 1　被动房技术中心鸟瞰效果图

图 2　平视效果图

图 3　中庭效果图

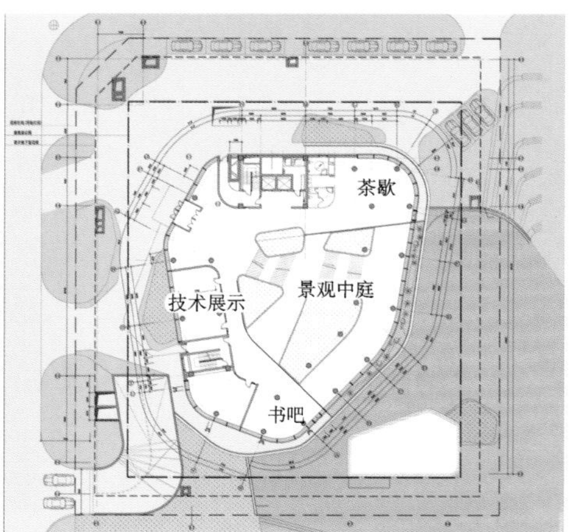


图 4　首层平面图

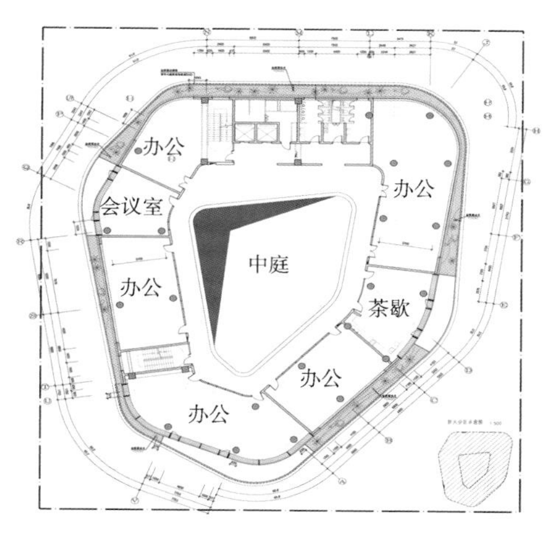


图 5　典型层平面图

图 6　竣工建筑实地鸟瞰照片

图 7　竣工建筑实地照片

图 8　竣工建筑室内照片

图 9　报告厅效果图

图 10　茶歇区域效果图

图 11　会议室效果图

图 12　技术展示区效果图

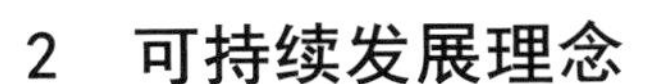

## 2　可持续发展理念

项目秉承“被动优先、主动优化”的理念，以“可持续、低碳、绿色、环保”为设计原则，在节能、节地、资源利用以及降低对环境的影响等各方面都做出了突出的示范。

### 2.1　节能与能源利用

（1）按照被动式超低能耗建筑要求，高性能外墙、门窗等围护结构指标超过现行标准要求；

（2）结合场地条件，对建筑造型、开窗位置、通道位置等进行优化；

（3）选用地源热泵作为主要冷源和热源，最大限度地提高可再生能源利用率；

（4）选用 LED 灯具为主要光源，设置智能照明控制系统和红外感应器，降低照明能耗；

（5）设置全热回收效率超过 75% 的新风机组，降低新风负荷；

（6）选用高效节能的暖通空调、电梯等电气设备，提高能源效率；

（7）设置能源计量与管理系统，优化设备运行。

### 2.2　节地与室外环境

（1）通过环境模拟，优化场地设计，建设良好的室外环境；

（2）选择低维护要求的本地树种，打造节约型绿地；

（3）设置无障碍设施，提供便捷的公共服务；

（4）充分利用场地空间，合理设置雨水收集基础设施，对场地雨水进行专项规划设计，减少雨水外排；

（5）合理设置绿化用地，营造优美的室外环境（图 13）。

图 13　室外景观

### 2.3　节水与水资源利用

（1）采取有效措施避免管网漏损；

（2）给水系统无超压出流现象；

（3）设置用水计量装置；

（4）使用较高用水效率等级的卫生器具；

### 2.4 节材与材料资源利用

（1）建筑造型简约，且无大量装饰性构件；

（2）土建工程与装修工程一体化设计；

（3）可变换功能的室内空间采用可重复使用的玻璃和轻质隔墙隔断；

（4）选用本地生产的建筑材料；

（5）采用预拌砂浆和预拌混凝土；

（6）使用高性能钢材和混凝土，节约建材用量；

（7）使用以废弃物为原料生产的建筑材料，废弃物掺量不低于30%。

### 2.5 室内环境质量

（1）主要功能房间的室内噪声等级低于现行国家标准《民用建筑隔声设计规范》GB 50118—2010中的低限标准限值；

（2）主要功能房间的隔声性能良好，在户间和楼板采用隔声措施；

（3）对电梯机房、实验设备机房、新风机房、冷热源站采取减少噪声干扰的措施；

（4）在东、西、南立面采取可调节遮阳措施，降低夏季太阳辐射热；

（5）主要功能房间中人员密度较高且随时间变化大的区域设置室内空气质量监控系统。

## 3 技术措施

中德生态园被动房技术中心将绿色节能理念贯穿于建筑设计，选用高性能的围护结构材料，从需求侧降低冷热负荷。采用高性能热回收式地源热泵机组，提升空调系统节能效果。结合当地气候特征与能源禀赋，合理地利用地热及太阳能光伏等可再生能源。通过优化设计和选择适宜的空调末端，结合温湿度独立控制技术，采用不同水温分别为新风机组和冷梁空调系统提供冷热源，尽可能地提高系统效率。合理设计气流组织，各房间排风充分流经公共区域，有效改善公共区域的冷热环境品质。对灯具及其他设备进行智能管理，实现高效照明，避免用电浪费。

### 3.1 高性能围护结构

该项目体型系数为0.17，合理控制窗墙面积比，屋顶传热系数为0.12W/($m^2$·K)，外墙传热系数为0.12W/($m^2$·K)，外窗采用铝包木三玻抽真空玻璃窗，传热系数仅为0.8W/($m^2$·K)，为降低夏季热负荷，在东向、西向和南向设有可调节外遮阳（图14），外门窗及幕墙气密性等级不低于8级。

图14 外遮阳

### 3.2 高能效的空调系统

#### 3.2.1 高能效的冷热源机组

该项目冷热源机组采用两台土壤源热泵系统（图15），设备COP分别为5.35和6.15，较

《公共建筑节能设计标准》GB 50189—2015 的规定降低 30.48% 和 30.85%。

该项目在地下一层设置集中热回收新风机组（图 16），对新风及排风进行热回收，焓效率高于 85%。两台热回收新机组分别负责大报告厅和其他空间的新风热回收。热回收机组设有两个热回收段，分别采用全热回收转轮和板式显热回收段。

图 15　土壤源热泵机组

图 16　新风机组

### 3.2.2　高效输配系统

该项目风机的单位风量耗功率和水泵的耗电输热（冷）比均优于《公共建筑节能设计标准》GB 50189—2015 的规定。

地下水循环泵设有变频调速装置。

## 3.3　可再生能源的利用

项目结合当地气候特征与能源禀赋，合理地利用地热及太阳能光伏等可再生能源。

### 3.3.1　土壤源热泵系统

该项目采用土壤源热泵作为冷热源，设有两台机组，位于地下二层的热泵机房。两台机组分别为新风系统和冷梁空调系统提供冷热源，通过温湿度独立控制，采用不同水温，最大限度地提高机组效率。

### 3.3.2　太阳能热水系统

该项目生活热水为太阳能机械循环系统，太阳能集热器面积为 54m$^2$，电辅助加热功率为 30kW。

### 3.3.3　太阳能光伏系统

该项目的主楼和餐厅两个屋面上分别安装太阳能光伏系统（图 17），主楼屋面装机容量为 52kWp，光伏组件面积 770m$^2$；餐厅屋面装机容量为 10.9kWp，光伏组件面积为 133.6m$^2$。该项目总电量负荷为 858.15kW，光伏提供发电量为 62.9kW，可再生能源占总电量的 7.33%。

图 17　屋顶光伏系统

### 3.4 智能楼宇自控系统

该项目采用智能楼宇控制系统，通过对楼宇自控系统进行优化，对冷热源、输配系统和末端进行实时控制，根据室内温湿度情况进行实时控制，确保暖通能耗降到最低，实现建筑整体的能耗降低。

（1）空调系统末端

系统根据本地多功能探测器的人员存在探测功能、室内温度传感器的感应温度、室内灯光系统状态以及电动遮阳帘开度等反馈数据自动开关、调节冷梁及风机盘管的阀门开度，实现不同区域的最佳节能状态（图18）。如果人员全部离开该区域时，则自动关闭冷梁或风机盘管。

图18　室内环境监测传感器

（2）照明控制

照明控制系统将实现人工照明和自然照明互补的恒照度控制，办公区域内均配置有照度感应和人体感应相结合的多功能探测器，区域照明将根据环境照度和工作照度自动调节灯具亮度，并辅以外遮阳系统、空调联动控制实施恒照度控制，同时实现最佳节能效果。

（3）外遮阳控制

办公区域设有电动外遮阳，系统将结合气象条件，根据季节变化、风光雨等传感器数据以及系统预设策略，自动调整各组百叶的升降与翻转，为用户提供最舒适的办公、生活环境。

### 3.5 能源管理系统

为确保被动房技术体验中心项目实现真正的节能运行、绿色运行，多次聘请德国暖通专业团队为项目的节能运行提供指导和建议，目前形成了四级能源管理系统。

通过设置四级能源管理系统，对不同种类、不同区域、不同功能房间进行能源管理，对各类能耗进行实时优化，实现了真正的精细化运行（图19、图20）。

该项目对电量、冷热量进行分类分项计量，实现了关键用能设备的计量；对电实现了照明、空调、动力及特殊的分项计量。

图19　能耗监测中心

图20　能耗监测系统主页

## 4 参与单位工作介绍

（1）设计单位

RONGEN TRIBUS VALLENTIN GmbH作为项目的设计单位，负责被动房的建筑设计、结构设计、暖通设计以及被动式相关技术设计，包括高效的外围护结构、气密层的处理、能耗计算等。

（2）施工单位

荣华建设集团有限公司在被动房施工过程中，遵循集团公司、技术研发部和安全部、项目部的三级绿色施工管理体系，并制定相应的管理制度与目标，建立项目经理为绿色施工第一责任人的管理机制，指定绿色施工管理人员和监督人员。

被动房技术中心项目在热桥细部节点处理、围护结构气密性处理、屋面保温构造做法、突出屋面女儿墙及盖板保温构造做法等方面作出了深化和先行样板。

（3）设计咨询单位

中国建筑科学研究院有限公司是全国建筑行业最大的综合性研究和开发机构，以应用研究和开发研究为主，致力于解决我国工程建设中的关键技术问题。在被动房技术中心项目中，该单位主要负责以下工作：完成方案设计、施工图设计和绿色建筑技术咨询，对建筑、结构、给排水、暖通、电气、精装修和景观专业进行设计，并对绿色建筑技术进行专项设计，确保施工图阶段满足绿色建筑三星级的要求。

（4）建设单位

中德生态园被动房建筑科技有限公司作为中德生态园被动房技术中心项目建设单位及中德生态园被动房产业的承担主体，全程参与项目的引进、设计、施工、运营管理及国际合作。

在该项目实施过程中，公司结合德国被动房技术及青岛地区的本地特征，有效地探索了青岛气候下的德国被动房技术和标准规范的本土化落地和实施。

## 5 总结

（1）经济效益

由于高效建筑保温系统和机电系统的使用，该被动式建筑全年供热供冷能耗显著降低。根据计算，年节电72万kW·h，节约运行费用约55万元。

（2）环境效益

实际运行的能耗监测数据显示，该项目每年可节约一次能耗约130万kW·h，与现行国家节能设计标准相比，节能率高达90%以上。四年累计减少$CO_2$排放约1000t，环境效益显著。

（3）社会效益

中德生态园被动房技术中心按照PHI技术标准采用多项被动式技术和绿色建筑技术，如高性能围护结构、高效门窗、土壤源热泵、太阳能光热光伏以及屋顶绿化、节水器具、高效照明等技术，作为具有示范性的被动房项目，积极引进了国外先进技术和设计理念，促进国内高效节能建筑构件、材料的研发，并逐步拉动相关产业链的发展。

该项目将先进的被动房超低能耗建筑技术及主动优化的绿色低碳运行管理相结合，是建筑领域“碳达峰、碳中和”的典型先进案例，已经站在了建筑节能领域的前沿，将助力建筑领域“双碳”目标早日实现。

# 葛洲坝虹桥紫郡公馆项目

开 发 单 位：中能建城市投资发展有限公司（原中国葛洲坝集团房地产开发有限公司）
设 计 单 位：上海尤安建筑设计股份有限公司
总承包单位：中国建筑第二工程局有限公司
咨 询 单 位：中国建筑科学研究院有限公司
项 目 地 点：上海市青浦区
项 目 工 期：2016 年 6 月—2019 年 3 月
建 筑 面 积：6.23 万 $m^2$

作　　　者：焦家海、王得水、胡群峰、秦淑岚、陈昕
中能建城市投资发展有限公司

## 1 项目简介

葛洲坝虹桥紫郡公馆项目位于上海市青浦区，由中能建城市投资发展有限公司投资建设，上海尤安建筑设计股份有限公司设计，总占地面积2.53万$m^2$，总建筑面积6.23万$m^2$，主要功能为住宅建筑，2019年获得第七届Construction21国际“绿色解决方案奖”—“低碳建筑解决方案奖”国际入围奖（图1~图4）。

图1 项目实景图

该项目在设计、建设、运维全过程中坚持“以人为本”的理念，落实了新时期绿色建筑在安全耐久、健康舒适、生活便利、资源节约、环境宜居等方面的高性能要求，践行了中能建城市投资发展有限公司科技价值理念，对高质量绿色建筑建设具有重要参考价值。该项目室内热湿环境达到优级，室内空气品质达到优级，室内噪声35dB以内，净化水达到直饮水级别。同时，项目充分考虑了上海市的气候和文化条件，具有良好的社会效益、环境效益和经济效益。该项目获得了首批中德绿色建筑

图2 营销中心外景（实拍）

图3 项目实景图

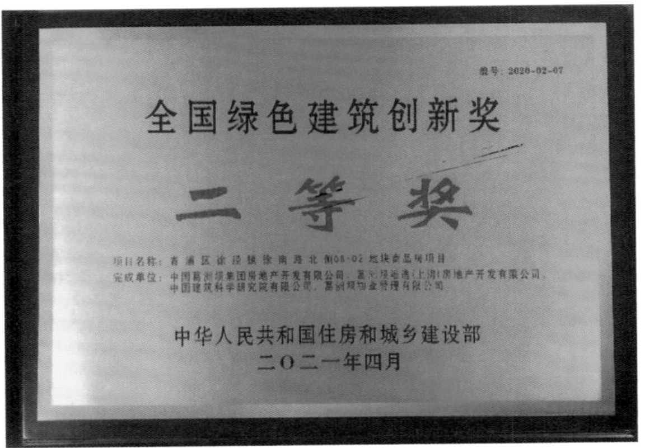


图4 证书

国际双认证、全国绿色建筑创新奖二等奖、精瑞科学技术奖金奖、首批国家新绿标三星级认证、“十三五”示范工程等荣誉，受到国内外机构的认可，具备良好示范作用和推广价值。

## 2 可持续发展理念

该项目在设计、建设、运维全过程中坚持以人为本的理念，落实了新时期对绿色建筑在安全耐久、健康舒适、生活便利、资源节约、环境宜居等方面的高性能要求。

（1）安全耐久

主体结构、外墙、屋面、门窗等设计均考虑安全性，抗震设防烈度达 7 度。项目厨卫采取严格的防水措施，顶棚设置防潮纸面石膏板吊顶；地库、各楼层均设置紧急疏散通道，设置各类警示与引导标识；阳台处设置 1.1m 高安全防护栏，单元入口设置钢化夹胶安全玻璃雨篷防止高空坠物；小区室内外采用防滑铺装，人车分流设计更保障了业主安全。采用建筑结构与设备管线分离设计，水、暖、电管材等均采用了耐腐蚀、抗老化、耐久性能好的材料（图 5）。

图 5　设备管道（实拍）

（2）健康舒适

项目采用全置换新风系统，新风过滤采用 G4+ 静电除尘 +F9 亚高效，$PM_{2.5}$ 过滤效率 $>90\%$，经检测，室内 $PM_{2.5}$ 和 $PM_{10}$ 年均浓度数值均优于标准要求；厨卫采用独立回风系统并安装止回阀，避免串味。采用全屋净水系统，每户设置软水机和净水器，净化水达到直接饮用级别。采用系统窗配 Low-E 中空玻璃，隔声效果良好；设备机房内侧贴吸声材料，采用隔声门和隔声窗；室内采用同层排水，经检测，主要房间噪声级达到高要求标准限值；采用节能型防眩光灯具，外窗做外挑 300mm 遮阳板，设置中置百叶，阳台、凸窗，内饰面采用浅色材料，防眩光效果显著。采用毛细管网辐射空调末端和独立新风系统实现室内温湿度独立控制（图 6~ 图 8）。

图 6　样板间客厅（实拍）

图 7　样板间卧室（实拍）

图 8　样板间卫生间（实拍）

（3）生活便利

项目地处虹桥商务板块，交通便利，各类配套完善，小区内设游泳池、健身房、活动室、儿童乐园等活动场所（图 9~ 图 11）。地下车库设置无障碍车位和电动车位，其余均预留充电安装条件（图 12）；小区出入口、平台等处都做了无障碍设计；电梯均为无障碍电梯，可容纳担架；坡道及台阶等处设置安全抓杆或扶手，公共区域墙角做圆角设计，全龄友好。定制开发可视化智慧家居屏，一键控制室内照明、温湿度等，并可通过 App 操作；建筑能耗管理依托能源运行管理平台，及时分析和优化设备运行。物业管理制定操作规程与应急预案，建立用水用能考核激励机制，并编写业主使用手册；定期组织技术培训，提高物业运行维护能力。

（4）资源节约

节地方面，项目容积率 1.6，绿地率 35.07%，

图 9　小区游泳池（实拍）

图 10　小区儿童乐园（实拍）

图 11　儿童游玩区（实拍）

图 12　地下车库（实拍）

合理利用了地下空间。节能方面，采用地源热泵可再生能源系统，设置螺杆式地源热泵机组3台，COP达6.13，较标准提升17.88%；保温采用挤塑聚苯乙烯泡沫板和岩棉板，外窗采用系统窗，围护结构热工性能提升率达到20%~58%；采用节能型电梯，经计算，机电设备能耗降幅21.4%。节水方面，利用雨水进行绿化灌溉、道路地库冲洗和景观补水；采用节水灌溉系统；用水器具均采用一级节水器具。节材方面，项目全部精装修交付，避免二次装修；运用混凝土预制件（PC）工业化技术，PC预制率达30%；采用BIM技术优化管线。可再循环材料利用率为6.51%，400MPa级以上钢筋达90.58%（图13、图14）。

图13　设备间1（实拍）

图14　设备间2（实拍）

（5）环境宜居

场地生态与景观条件良好，采用“乔灌草”复层绿化；楼间距均大于21m，相互无遮挡；在建筑主出入口下风向设置室外吸烟区；严格进行垃圾分类。室外物理环境良好，设置绿化带隔声降噪；场地风环境良好；建筑外立面采用干挂石材，无光污染隐患，所有景观灯具避免产生眩光（图15、图16）。

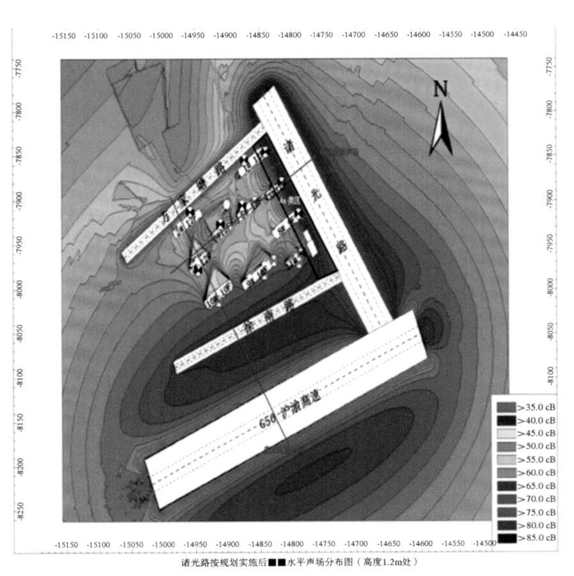


诸光路按规划实施后■■水平声场分布图（高度1.2m处）

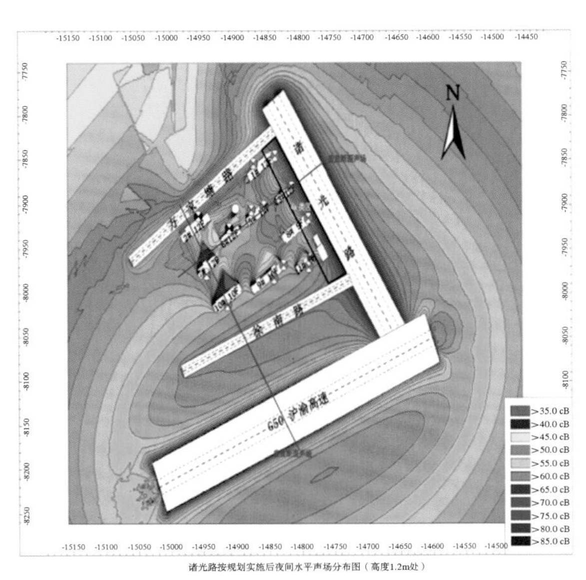


诸光路按规划实施后夜间水平声场分布图（高度1.2m处）

图 15　场地模拟（模拟数据）

图 16　外部水景（实拍）

## 3　技术措施

项目因地制宜采用了绿色理念，主要关键技术措施总结如下：

### 3.1　雨水回收系统 + 综合调蓄

降低场地的雨水径流，遵循生态优先等原则，将自然疏导与人工措施相结合，最大限度地实现雨水在城市区域的积存、渗透和净化，促进雨水资源的利用和生态环境保护。应用了重力式屋面雨水收集系统、景观调蓄、雨水收集池调蓄，场地径流总量控制率为 77.1%（图 17）。

### 3.2　地源热泵系统 + 全置换新风系统 + 毛细管网辐射系统

项目共设置三台土壤源热泵主机，额定制冷量 875kW，额定制热量 929kW；夏季供回水温度为 6~13℃，冬季供回水温度为 45~40℃；二次侧夏季供回水温度为 16~19℃，冬季供回

图 17 雨水回收系统（施工过程）

水温度为 33~28℃；主机房及设备做隔声降噪处理。项目采用全置换新风系统（图 18），并采用 G4+ 静电除尘 +F9 亚高效过滤器进行新风过滤，$PM_{2.5}$ 过滤效率＞ 90%，全新风处理过滤段将室外空气中的 $PM_{2.5}$ 与二氧化硫、二氧化氮等有害物质过滤后再引入室内，改善了室内空气质量，提升了项目品质。同时，项目采用毛细管网辐射空调末端承担室内显热负荷（图 19），可控室内温度；独立新风系统承担室内潜热，控制室内湿度，实现了室内温湿度独立控制。冬季室内温度 20~22℃，夏季室内温度 20~26℃，室内湿度 30%~70%，垂直温差不超过 2℃，室内风速 0.2~0.3m/s。在实现建筑节能的同时，提升了业主居住的舒适度，营造了健康宜居的生活环境。

图 18 新风管道（实拍）

图 19 毛细管网辐射空调（实拍）

### 3.3 同层排水 + 饮用水处理

采用隐蔽式墙体安装方式保持建筑结构完整，同时改善传统下排水带来的水流噪声；管道检修可在本层进行，不干扰下层住户。设置高端饮用水处理系统，采用户式净水设备，有效去除水体悬浮物、颗粒物等，让住户饮用健康水源；厨房净化水达到直接饮用级别。

### 3.4 隔声隔热系统 +Low-E 中空系统窗

窗户采用 Low-E 中空玻璃，内充惰性气体，断桥具备隔热、保温、超高隔声性能，既不影响室内的日照和采光，又可防止能量外泄。在实现隔声降噪的同时，有效地减少了运行能耗。项目使用风门测试法确保气密性水平达到德国 DGNB 标准 1.0 次 / 小时，整体气密性高，运行能耗大量减少。

### 3.5　智能家居 + 高品质部品

灯光场景一键调用，全区覆盖智能安防、可视对讲系统搭配 App，手机、平板多渠道操作，温湿度、$PM_{2.5}$ 等室内环境数据实时掌握，电动窗帘一键开关，红外信号精确捕捉等智能化管理，营造高效、舒适、安全、便利、环保的居住环境，提供全方位的信息交互功能，帮助家庭与外部保持信息交流畅通，优化人们的生活方式，帮助人们有效安排时间，同时增强家居生活的安全性。

### 3.6　工业化 +BIM 应用

运用现代工业化的组织和生产手段，构件生产工厂化，现场施工装配化，形成有序的工厂化流水式作业，从而达到提高质量、提高效率、提高寿命、降低成本、降低能耗的目标。PC 构件主要用于外墙围护构件、剪力墙、阳台板、楼梯板、楼板等，PC 预制率达到 30%。同时，项目在规划设计阶段采用了 BIM 技术，以建筑工程项目的各项信息数据为基础，建立建筑模型，通过数字信息仿真模拟建筑所具有的真实信息。通过 BIM 技术，解决了设计过程中各专业 57 个管线碰撞问题。

### 3.7　基于能耗管理平台的物业管理服务

低碳运营能源管理平台在一代能源管理平台产品基础上进行了升级迭代，主打无人值守、云边协同。目前，包含上海紫郡公馆项目在内的各项目平台实现智慧运行，主要功能有实时监测、节能分析、节能管控。实时监测模块可实时监测室内环境及新风机组、热泵主机和系统能耗。节能分析模块对项目系统能耗、系统负荷、主机负载、运行费用、系统能效、地热平衡、输送能效和节能环保进行数据分析，制定自动运行策略。节能管控可实时控制整个系统主要设备的运行情况，实现真正的无人值守（图 20、图 21）。

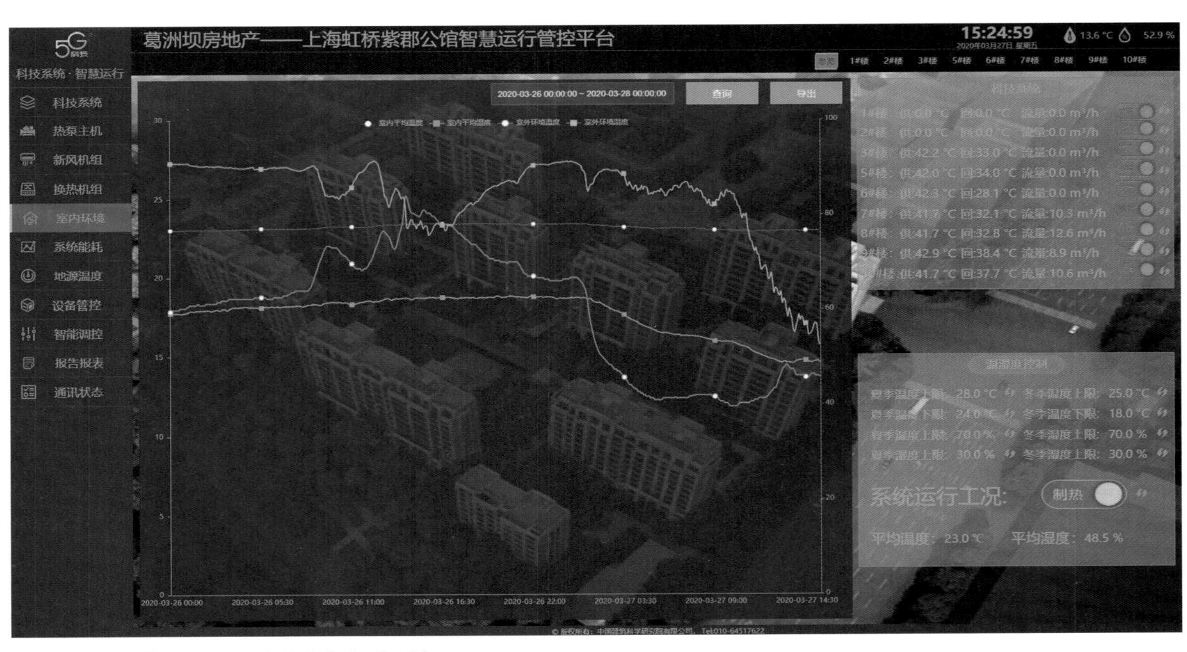


图 20　能源管理平台 1（平台数据截图）

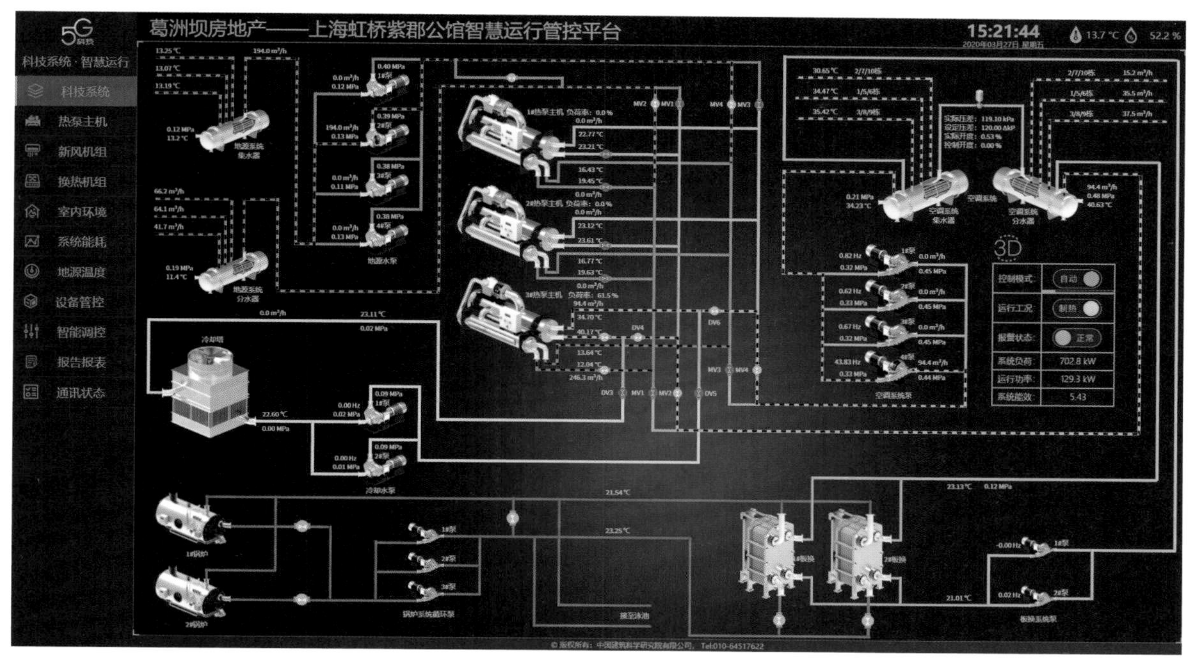


图 21　能源管理平台 2（平台数据截图）

## 4　参与单位工作介绍

中能建城市投资发展有限公司：投资开发该项目，基于项目区位、资源及片区客户特征、市场供求特征结合土地出让限制条件，打造建设新一代高品质绿色科技住宅。

上海尤安建筑设计股份有限公司：承担该项目总体设计职责。

中国建筑第二工程局有限公司：为该项目建设总承包商，履行建造职责。

中国建筑科学研究院有限公司：为该项目提供绿色建筑技术咨询。

## 5　总结

（1）经济效益

项目采用多种绿色技术措施，如被动式设计、地源热泵、新风热回收等技术，降低了建筑的冷热负荷，在提升室内热舒适度的同时降低了暖通系统的运营成本。以 1 号楼为例，项目外围护系统各项参数为：

①外墙：保温 $K$ 值 0.43W/(m$^2$・K)；

②外窗：南向三层玻璃结合断桥铝门窗 $K$ 值 1.95W/(m$^2$・K)；

③屋顶：保温结合屋顶绿化 $K$ 值 0.3W/(m$^2$・K)；

④空调系统：地暖结合天棚辐射，集中式供给，采用地源热泵；

⑤建筑全年能耗 304661kW・h。

相比于上海地方标准配置的建筑，按 50 年建筑使用年限计算，1 号楼能耗成本每年减少约 30 万元人民币。项目预计每年节省能耗费用约 300 万元。

（2）社会效益

一方面，项目从生态的角度注重四节一环保，包括节能、节水、节地、节材和环境保护；另一方面，注重以人为本，旨在创建健康、适用和高效的使用空间。该项目应用的科学技术体系顺应国家节能减排战略以及满足构建人民美好生活的需求，推动人民生活品质提升。对于整个房地产行业来说，该项目所依托的科技体系将有助于推动建筑科技产业升级，推动建筑科技产业集约化、规模化、标准化发展，提升行业生产效率。

（3）环境效益

从节能减排的角度来说，该项目的“地源热泵”及“毛细管网”两大科技系统，在有效保证舒适度的同时降低了系统能耗。同时，建筑围护结构保温性能也降低了建筑整体能耗，减少了建筑全生命周期的二氧化碳排放量。在水资源的管理方面采用节水器具和回收水技术；项目通过采购具备 FSC 或 PEFC 认证的木材，最大限度地降低对环境的负担。

# 东莞生态园控股有限公司办公楼

建设单位：东莞生态园控股有限公司
设计单位：华南理工大学建筑设计研究院
咨询单位：北京清华同衡规划设计研究院有限公司
项目地点：广东省东莞市
项目工期：2010 年 12 月—2013 年 12 月
建筑面积：3.77 万 $m^2$

作　　者：林波荣[1]、葛鑫[2]、肖伟[3]
1. 清华大学；
2. 清华大学建筑设计研究院有限公司；
3. 北京清华同衡规划设计研究院有限公司

SMART BUILDING

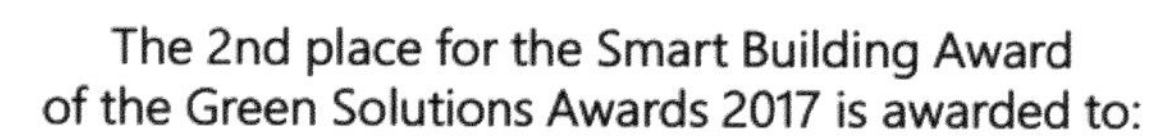

The 2nd place for the Smart Building Award
of the Green Solutions Awards 2017 is awarded to:

Office Building of Dongguan
Eco-park Holding CO., LTD.

- Contractor: Dongguan Eco-park Holdings CO.,LTD.
- Architect: Architectural Design & Research Institute of SCUT
- Engineering consultancy:
  Beijing Tsinghua Tongheng Urban Planning and Design Institute

Delivered on November 15th
in Bonn

Christian Brodhag,
President of Construction21

## 1 项目简介

东莞生态园控股有限公司办公楼位于广东省东莞生态园内，是东莞生态园的起步项目（图 1~ 图 3）。东莞生态园是东莞市级湿地生态园、高端产业配套服务区，规划区位于东莞城区以东、东部快速路两侧，范围为寮步、东坑、茶山、石排、横沥及企石 6 个镇区围合相接的区域。由东莞生态园控股有限公司投资建设，华南理工大学建筑设计研究院设计，深圳市龙城物业管理有限公司运营。

项目占地面积 36925m$^2$，总建筑面积为 37664m$^2$，其中地上 25173m$^2$，地下 12491m$^2$。建筑主要功能为办公及相关配套用房，分为地下 1 层，地上 5 层。地下层主要为车库及机房用房；地上 1 层为平台层，作为建筑主出入口、展厅、餐厅等；地上 2 层至地上 5 层分为 4 个塔楼，主要功能为办公、会议等。

图 1 东莞生态园实景图（一）

该项目 2011 年获得国家三星级绿色建筑设计标识，2014 年获得国家三星级绿色建筑评价标识，2015 年获得住房城乡建设部绿色建筑创新奖一等奖，2017 年获得第五届 Construction21 国际“绿色解决方案奖”—“智慧建筑解决方案奖”国际第二名。

## 2 可持续发展理念

项目秉承生态使命，因地制宜地将各项生态技术有机结合，综合采用了主动式、被动式技术相结合的节能环保技术。建筑朝向经过优化，丝网镂空壳体采用一体化遮阳技术，采用高效通风、采光性能围护结构；塔楼采光中庭、平台层采光井、地下空间下沉庭院实现自然通风与采光设计；采用温湿度独立控制理念，结合高温冷水机组、干式风机盘管及全热回收型双温新风系统大幅度降低空调能耗；因地制宜地应用湖水源热泵系统；采用高效照明灯具降低照明能耗；采用人工湿地—中水处理系统节约水资源消耗，采用能耗监控系统实现建筑能耗的监控等。

此外，项目位于生态园中，其采用的绿色

图 2 东莞生态园实景图（二）

图 3 东莞生态园实景图（三）

生态技术与生态园环境融合良好，不会对周围环境造成污染，室外设置的大片绿化及湿地、湖泊有效地降低了生态园的热岛效应，采用湖水源代替冷却塔也避免了冷却塔向外部空间的排热，此外还采用了人工湿地—中水处理系统，不仅增加了室外绿化面积还有效节约了水资源。

## 3 技术措施

### 3.1 良好的室外生态环境

项目周边生态环境良好，营造了融入大自然的良好办公氛围。建筑周边设置了大量绿化、人工湿地、亲水栈道及平台。室外的绿化面积为 12770m$^2$（图 4），透水面积百分比达到 45.5%。此外，建筑的二层平台及 4 栋塔楼的屋顶也进行了绿化（图 5、图 6），总绿化面积为 4345m$^2$，占到了屋顶面积的 66.73%。良好室外生态环境的营造有效地降低了建筑对生态园产生的热岛效应影响。

### 3.2 被动式节能设计

#### 3.2.1 优化建筑朝向

方案设计时建筑朝向为南偏西 45°，考虑到建筑位于东莞，夏季较长，为了防止立面西晒严重，将建筑朝向南偏西 45°优化至南偏东 15°（图 7）。

图 4　室外绿化生态环境

图 5　塔楼屋顶绿化

图 6　平台层屋顶绿化

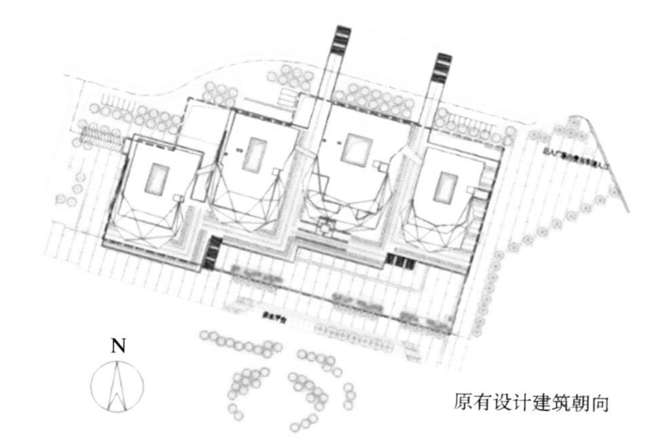


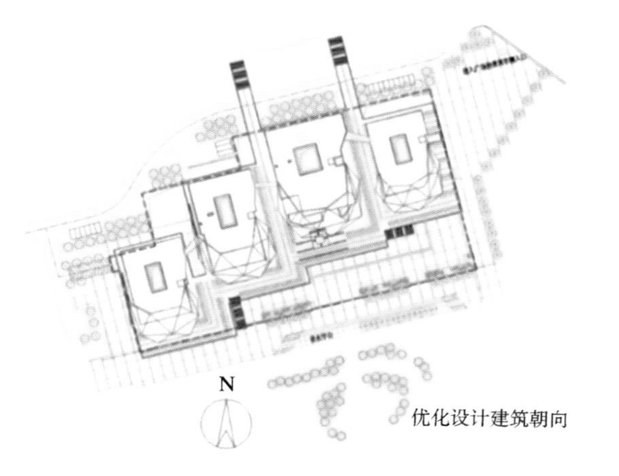


图 7　建筑朝向优化示意图

项目对建筑朝向改变前后的能耗进行比较，发现朝向更改至南偏东15°后，建筑全年能耗降低4kW · h/m²，折合1.2万kW · h的电量（图8）。同时对南向房间温度进行了统计，发现朝向更改后，壳体周边房间自然室温降低3℃（图9）。朝向的改变既降低了建筑能耗，又提升了室内的舒适度。

### 3.2.2 南向壳体结构、遮阳优化

方案阶段最初南向壳体为玻璃壳体，考虑到夏季不可避免地会使过多太阳辐射热量进入室内而使室内舒适度降低，将玻璃壳体优化为丝网镂空壳体，并根据壳体不同部位接受太阳辐射热不同而采取不同的遮阳措施及丝网镂空率设计。



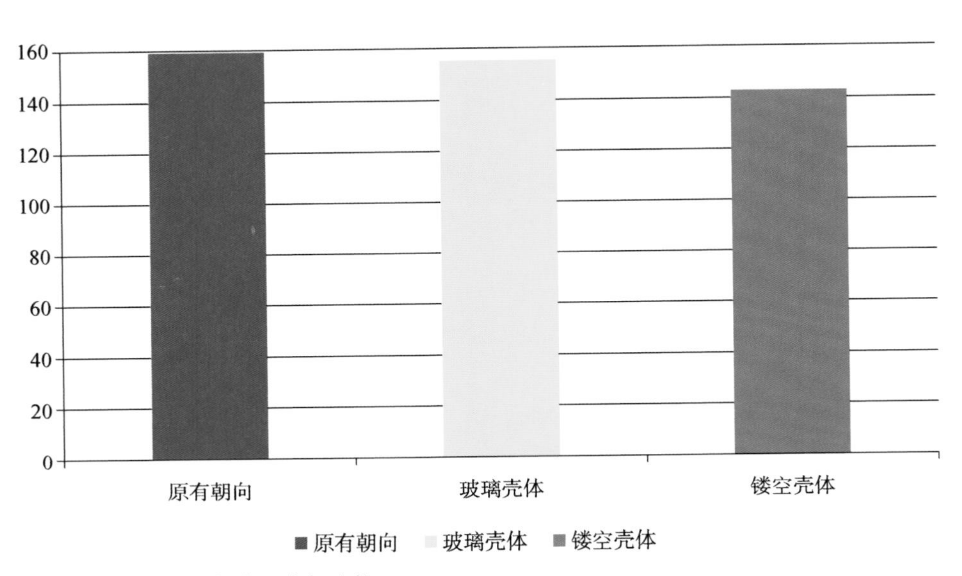

图8 建筑朝向改变前后能耗比较

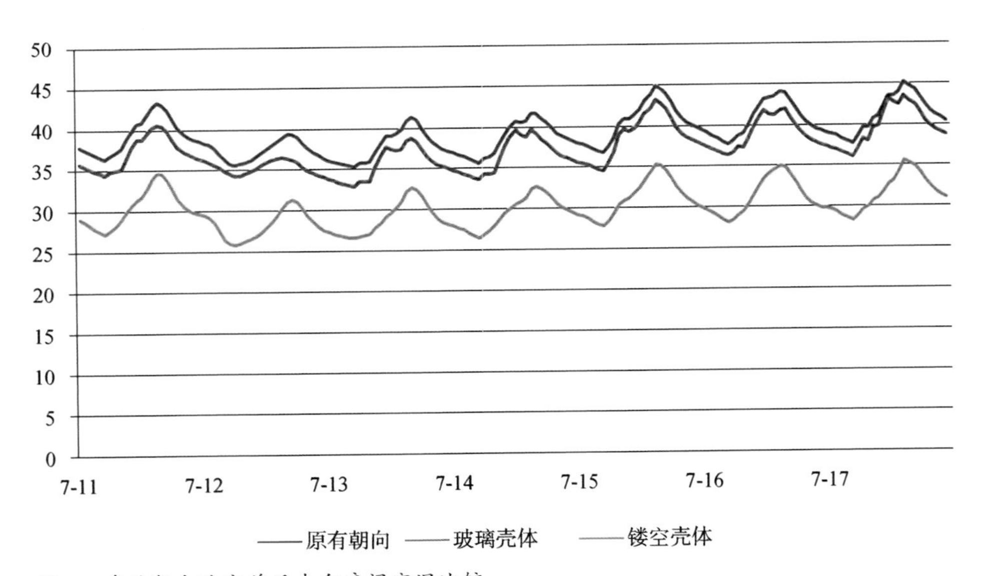

图9 建筑朝向改变前后南向房间室温比较

从 ECOTECT 软件模拟可以看出，4 栋塔楼壳体的太阳辐射得热由上到下逐渐降低，而且得热差距较大，因此将针对不同部位采取不同的遮阳措施。上部太阳辐射最强，遮阳系数要优于 0.35，可取为 0.2；中部较强，遮阳系数最低为 0.35；下部太阳辐射最弱对遮阳可不做要求（图 10）。

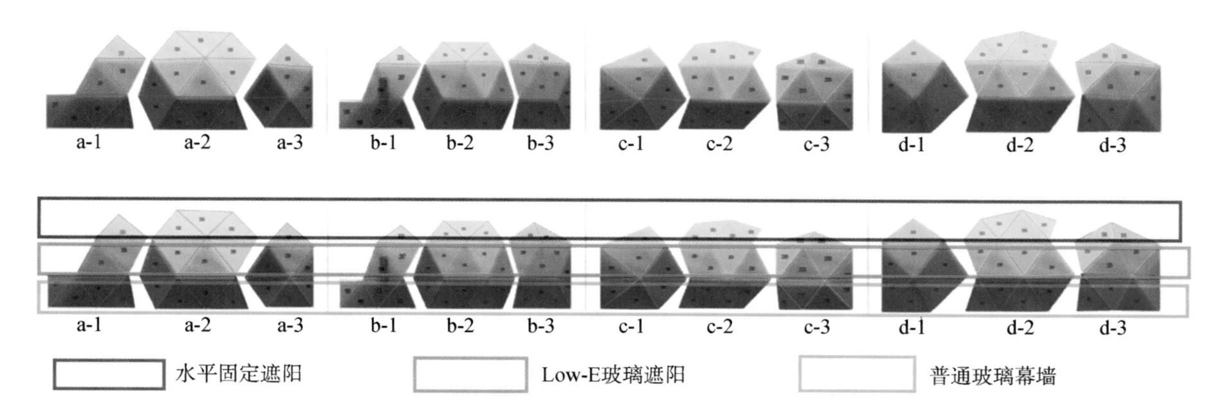


图 10 壳体表面太阳辐射及各部位遮阳方式

### 3.2.3 被动式技术强化室内采光、通风

该项目在塔楼设置采光中庭（图 11）平台层设置采光井（图 12），地下空间设置下沉庭院强化室内自然通风与采光条件（图 13），并在建筑塔楼中庭走廊侧外窗设置高窗增强通风，在建筑一层食堂靠近中庭侧设置水平开启窗与中庭连通，强化了食堂的换气。

建筑南侧的丝网镂空壳体与办公室之间形成绿化共享中庭，在太阳照射下共享中庭中的拔风气流，构成气流隔离区域，将幕墙内侧的高温区域与内部工作区域隔开，既有利于辐射热的排出，又创造了绿化交流空间（图 14）。

### 3.2.4 高效空调系统

项目在 4 栋塔楼中采用了温湿度独立控制空调系统，冷水机组采用 3 台磁悬浮离心式中高温冷水机组，冷水进 / 出水温为 19~14 ℃，冷水机组的冷却水源未采用常规的冷却塔，而是采用了项目周边的湖水，有效地节约了冷

图 11 塔楼采光中庭

图 12 平台层采光井

图 13 地下车库下沉庭院

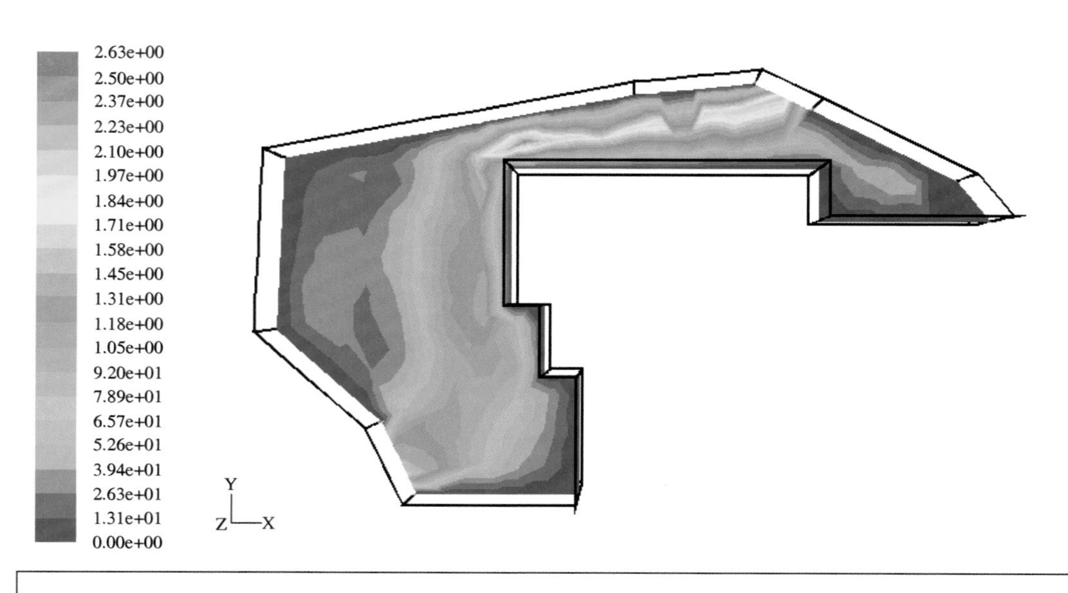


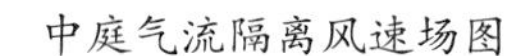
中庭气流隔离风速场图

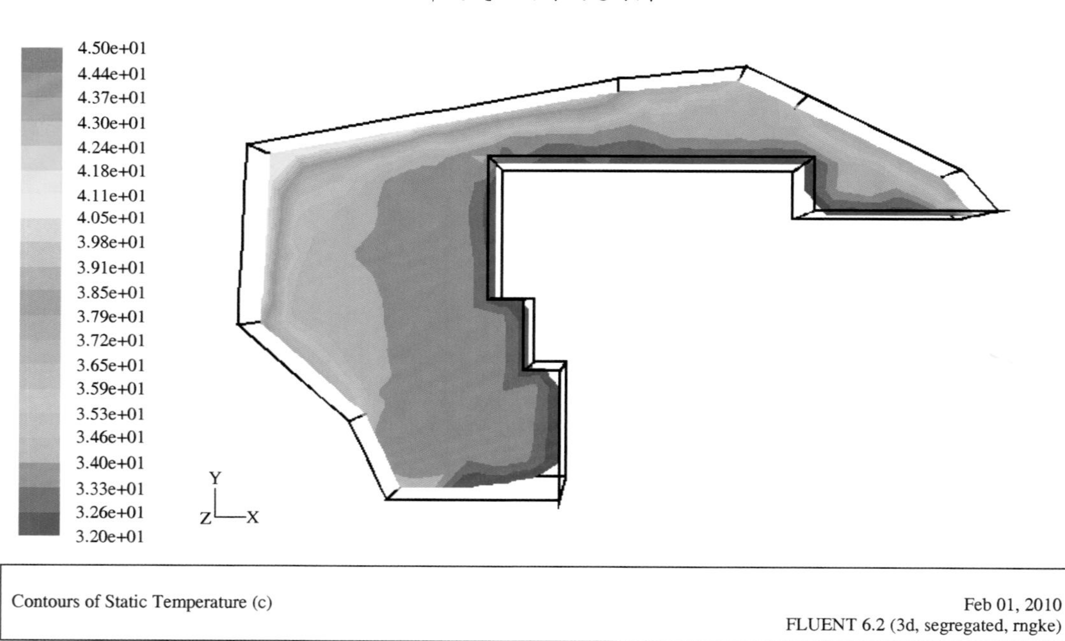


中庭气流隔离温度场图

图 14　共享中庭的气流隔离与拔风分析图

却水所消耗的自来水（图 15）。末端系统为干式风机盘管 + 新风系统（图 16），处理室内显热负荷，新风机组采用全热回收型内冷式双温新风机组（图 17），处理新风负荷及室内潜热负荷。

高温冷水冷机 COP 高达 6.99，降低了冷源设备能耗。全热回收型内冷式双温新风机组对新风进行三步处理，首先通过全热回

图 15　高温冷水机组

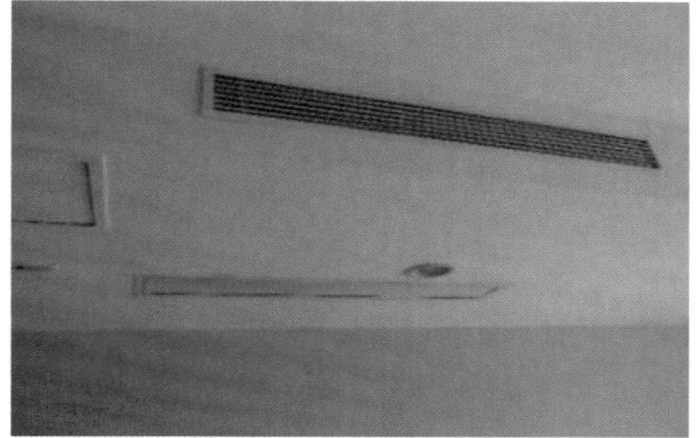

图 16　干式风机盘管

图 17　全热回收型内冷式双温新风机组

收装置对新风进行预冷，之后采用高温冷源，即湖水源进一步进行降温降湿处理，最后采用自带的冷源对新风进行辅助除湿。三步处理后，由于采用了排风热回收技术及湖水源高温冷源的利用，可以显著降低新风系统能耗。

### 3.2.5　可再生能源——湖水源热泵系统

项目周边存在大量湖泊，并且经过水文地质勘查，湖水 1m 深处的冬 / 夏季水温为 12℃ /28~30℃，适合进行湖水源热泵利用。因此湖水源被用于为双温新风机组预冷提供冷量，高温冷水机组提供冷却水水源，冬冷季节向新风机组提供热源，可以有效地降低供冷供暖能耗，并且省略冷却塔设置，避免向周边散发热量影响室外微气候，节省了冷却水消耗（图 18~ 图 20）。湖水源供冷季提供的实测冷量占全年供冷量的 46.11%。

图 18　热水机组

图 19　冷却水入水口（木格栅下部）

图 20　冷却水出水口

### 3.2.6　人工湿地—中水系统

项目为了有效利用污废水，设置了人工湿地—中水处理系统。项目的中水处理系统处理规模为 $50m^3/d$，人工湿地面积为 $200m^2$，主要种植的植物为美人蕉、再力花、风车草等（图 21）。

项目室内生活排水采用污废合流制，生活污水设化粪池处理，公共餐厅厨房设隔油池。经化粪池、隔油池处理后的“污废水”进入中水处理系统，在到达人工湿地前，先要进行前处理池的污水→格栅→调节池→水解酸化池→接触氧化池→沉淀池的处理，之后进入人工湿地进一步对污浊物进行沉降后进入消毒池，之

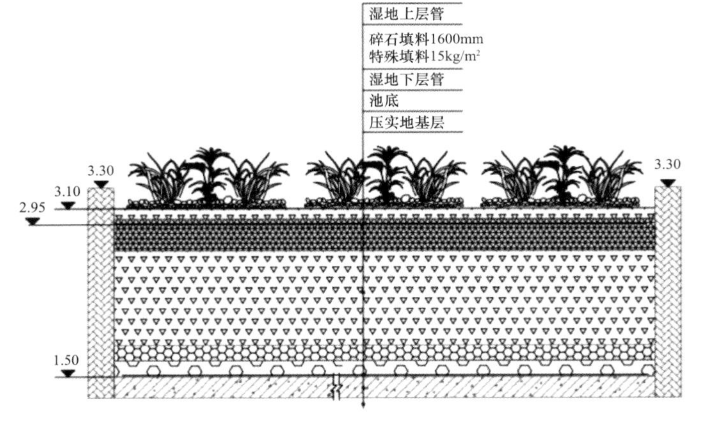


图 21 人工湿地实景图及植物池剖面图

图 22 中水处理机房及各用水点输送管道

后储存入地下室中水箱，采用变频加压泵输送到各个用水点（图 22）。出水水质可以达到《城市污水再生利用城市杂用水水质》GB/T 18920—2020 的要求。

### 3.2.7 采用能源管理系统平台，实现能耗实时监控

为了解项目的运行状况，确保项目在低能耗下正常运行，项目设置了能源管理系统，该系统软件主要由信息采集部分、信息处理部分、建筑节能评估部分及信息发布部分等组成，系统分别对电量、冷量、水量进行分类采集（图 23）。

图 23 能源管理系统平台控制室

能源管理系统的设置可以实现对建筑实时电耗、水耗的管理与监控，方便物业及业主单位制定良好的运行策略，保证建筑在运行期间可以逐年降低电耗、水耗，使建筑在低能耗水平运行，达到节能减排的目的。

## 4　参与单位工作介绍

北京清华同衡规划设计研究院有限公司：依照三星级绿色建筑要求进行设计咨询，从节地、节能、节水、节材、室内环境、运营管理六方面综合考虑，并结合当地实际气候条件和项目功能定位进行绿色建筑技术咨询，为方案设计及施工图设计提供指导，提供关键技术的方案设计，并会同建设方对拟采用的新技术和新材料进行技术经济分析。配合建设方将项目建设成为具有多种节能、生态技术和设备系统集成应用的、技术先进的绿色办公楼。

东莞生态园控股有限公司：负责园区内的闲置土地及物业经营管理；负责园区内的公用事业服务；负责园区内的旅游资源开发运营；负责构建园区开发建设的融资平台；负责参与园区的招商引资及产业配套建设工作；负责园区注册商标的申请、使用、维权及授权工作；负责承办生态园管委会、市国资委交办的其他工作。

华南理工大学建筑设计研究院：将绿色理念贯穿设计全过程。各专业在各阶段密切配合，将方案理念落实到每一项具体的技术设计之中。建筑专业结合咨询方提出的被动式节能设计，通过大量的CFD模拟及能耗分析，对建筑朝向、立面进行了全面优化；实现了温湿度独立控制空调系统与湖水源热泵系统的有机融合；电气专业将智能照明、智能化等技术切实应用在该项目之中。

## 5　总结

该项目为东莞市第一批获得三星级绿色建筑标识的项目，技术理念先进，节能效果显著，在同类气象条件及同类功能建筑中具有较广泛的推广价值，包括南向丝网镂空壳体不同部位不同遮阳措施及丝网镂空率设计，大厦建筑外围护结构强化通风措施设计，基于建筑自身条件的湖水源冷却系统及湖水源热泵系统的应用，温湿度独立控制空调系统、人工湿地—中水处理系统等。

该项目结合整个生态园区已经接受过很多绿建行业的专家、学者、社会组织及政府机构前往参观学习，均对其给出了较高的评价，今后还会有更多行业内人员到实地调研，相信其推广应用价值及示范效应将会进一步体现。

依据2013年3月—2014年2月运行数据，项目年节约电量为44.36万kW·h，年节约电费44.36万元，年减少碳排放26793.44t $CO_2$。采用湖水源代替冷却塔系统，每年可节约冷却水1.46万t，按照3元/吨计费，年可节省水费4.38万元；非传统水源年用水量为11986$m^3$，可节省水费3.6万元。

项目设计理念明确，严格遵循被动式优先、主动式优化进行全过程优化设计，并且在实际运行中，也能够按照预期设计目标正常运行，配合项目投入使用后的能耗管理，该项目的社会效益、环境效益和经济效益一定会更加突显出来。

# 昆山市公民道德馆既有建筑绿色化改造项目

咨询单位：江苏省建筑科学研究院有限公司

江苏建科鉴定咨询有限公司

建设单位：昆山城市建设投资发展集团有限公司

项目地点：江苏省昆山市

项目工期：2018年7月—2019年8月

建筑面积：672m²

作　　者：陈龙[1]、冒进[2]、罗金凤[3]、陈春美[2]、胡传阳[3]

1. 江苏建科鉴定咨询有限公司；

2. 昆山城市建设投资发展集团有限公司；

3. 江苏省建筑科学研究院有限公司

## 1 项目简介

昆山市公民道德馆既有建筑绿色化改造项目位于江苏省昆山市思齐公园内，由昆山城市建设投资发展集团有限公司投资建设，筑博设计股份有限公司设计，苏州苏港物业管理有限公司运营管理。总占地面积 1554m$^2$，总建筑面积 672m$^2$。项目于 2021 年获得第八届 Construction21 国际“绿色解决方案奖”—“既有建筑绿色改造解决方案奖”国际特别提名奖。

项目原建筑建造于 2004 年，功能为茶社，改造前项目处于空置状态（图 1）。项目本着“传承道德文化、融合绿色发展”的设计理念，通过“针灸”疗法，从点到面，对建筑立面、室内布展以及室外配套绿化等进行绿色化改造。通过绿色化改造，打造成为昆山市既有建筑绿色化改造、海绵城市公园、智慧建筑等绿色建筑技术应用试点示范工程和参观展示体验中心。同时也将成为昆山市道德文化参观展示、志愿服务活动及“红色之旅”党员活动实践教育基地。改造后的展馆主要由序厅、崇德之路、德善昆山、德润天下、与德同行、同心同德等六大板块构成（图 2~ 图 9）。

图 1 项目改造前实景图

图 2 项目改造后鸟瞰图

图 3 项目改造后实景图

图 4 室内“序厅”参观板块

图 5　室内“崇德之路”参观板块

图 6　室内“德善昆山”参观板块

图 7　室内“德润天下”参观板块

图 8　室内“与德同行”参观板块

图 9　室内“同心同德”参观板块

项目荣获 2019 年度江苏省建筑节能专项资金既有建筑绿色改造示范项目，并取得三星级既有建筑绿色化改造设计标识、三星级既有建筑绿色化改造运行标识（图 10、图 11）。

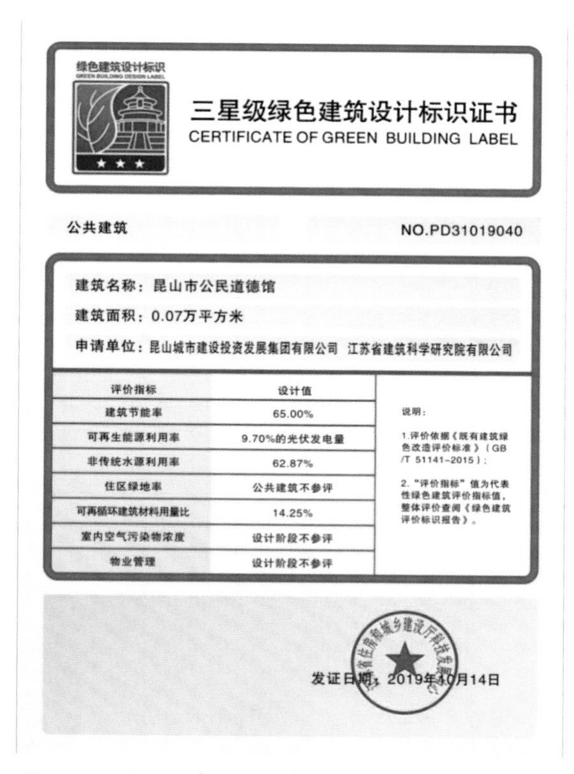

绿色建筑设计标识
GREEN BUILDING DESIGN LABEL

三星级绿色建筑设计标识证书
CERTIFICATE OF GREEN BUILDING LABEL

公共建筑　　NO.PD31019040

建筑名称：昆山市公民道德馆

建筑面积：0.07万平方米

申请单位：昆山城市建设投资发展集团有限公司　江苏省建筑科学研究院有限公司

| 评价指标 | 设计值 |
|---|---|
| 建筑节能率 | 65.00% |
| 可再生能源利用率 | 9.70%的光伏发电量 |
| 非传统水源利用率 | 62.87% |
| 住区绿地率 | 公共建筑不参评 |
| 可再循环建筑材料用量比 | 14.25% |
| 室内空气污染物浓度 | 设计阶段不参评 |
| 物业管理 | 设计阶段不参评 |

说明：

1.评价依据《既有建筑绿色改造评价标准》（GB/T 51141-2015）；

2.“评价指标”值为代表性绿色建筑评价指标值，整体评价查阅《绿色建筑评价标识报告》。

发证日期：2019年10月14日

图 10　三星级既有建筑绿色化改造设计标识证书

NO.PO31020044

绿色建筑标识
GREEN BUILDING LABEL

★★★

三星级绿色建筑标识证书
CERTIFICATE OF GREEN BUILDING LABEL

项目名称：昆山市公民道德馆

建筑面积：0.07 万平方米　　建筑类型：公共建筑

申请单位：昆山城市建设投资发展集团有限公司　江苏省建筑科学研究院有限公司

| 评标指标 | 设计值 | 实测值 |
|---|---|---|
| 建筑节能率 | 65.00% | 65.00% |
| 可再生能源利用率 | 9.70%的光伏发电量 | 9.70%的光伏发电量 |
| 非传统水源利用率 | 62.87% | 71.80% |
| 绿地率 | 60.45% | 60.45% |
| 可再循环建筑材料用量比 | 14.25% | 14.25% |
| 室内空气污染物浓度 | 设计阶段不参评 | 符合国标GB/T 18883 |
| 物业管理 | 设计阶段不参评 | 通过ISO14001认证 |

说明：

1. 评价依据《既有建筑绿色改造评价标准》（GB/T 51141-2015）；

2.“评价指标”值为代表性绿色建筑评价指标，整体评价查阅《绿色建筑评价标识报告》。

发证日期：2020年12月3号

图 11　三星级既有建筑绿色化改造运行标识证书

## 2　可持续发展理念

项目根据《建筑碳排放计算标准》GB/T 51366—2019，将建筑全寿命期分为材料准备阶段、施工建造阶段、建筑使用阶段、建筑拆除阶段，采用碳排放因子计算方法得到建筑全寿命期碳排放量为 2.41t/m$^2$。

项目在布馆时，围绕建筑与周边环境的可持续发展，因地制宜地保留了原建筑中的含笑树，营造了紧凑别致的室内景观，既保护了生态环境的健康，又为生态园林增添了人文情调。

与同类项目相比，项目改造从研究人的舒适行为特征开始，提升既有建筑的舒适性能，包括采光环境、声学特征、热舒适条件、空气品质、人文环境等。同时提升建筑与自然环境的和谐共生，以建筑物理技术为主，能够使建筑在满足展馆空间功能要求的前提下，实现持续健康、节能环保的建筑绿色再生利用目标。

## 3　技术措施

作为既有建筑改造项目，在保障结构安全的前提下，集成应用了绿色低碳、海绵城市、智慧 BIM 等多项技术，有效地解决了园内“看海”现象，提高了既有绿色建筑品质，起到了“巧且精致”的示范引领作用。

### 3.1　既有建筑绿色化改造

项目依据《既有建筑绿色改造评价标准》GB/T 51141—2015 三星级要求进行绿色化改造。为节约建筑材料，确保建筑使用安全，项目加固前后分别对建筑结构的安全性进行鉴定，确保其安全、耐久。

#### 3.1.1　围护结构节能改造

项目围护结构采用节能内保温的形式进行改造，其中屋面改造采用 80mm 厚挤塑聚苯板；外墙基层墙体和内墙采用 200mm 厚 B06 级加气混凝土砌块，外墙内保温材料采用 40mm 厚 PNY 无机保温膏料Ⅱ型；外窗和玻璃幕墙采用铝合金中空玻璃（6Low-E+12A+6），采光顶采用 6Low-E+12A+6+1.14PVB+6 玻璃。经过节能计算，建筑总体节能率达到《公共建筑节能设计标准》GB 50189—2015 的节能 65% 以上的要求（图 12、图 13）。

#### 3.1.2　高性能设备与可再生能源利用

项目改造后，采暖通风空调系统采用变冷媒流量多联机（图 14），空调综合制冷性能优于《公共建筑节能设计标准》GB 50189—2015 规定值 16% 以上，新风采用全热交换器，具有空气净化、除霾、过滤 $PM_{2.5}$ 三重高效过滤功能。项目充分利用可再生能源，设置太阳能光伏发电，装机容量 4950Wp，同时公园增设太阳能路灯（图 15）。照明全部采用 LED 节能照明灯具，公共区域照明采用分区、分组控制（图 16、图 17）。

图 12　改造前围护结构实景图

图 13　改造后围护结构实景图

图 14　高性能空调设备实景图

图 15　光伏发电设备实景图

图 16　改造前照明灯具实景图

图 17　改造后照明灯具实景图

### 3.1.3　融入健康人文元素

项目围绕建筑与周边环境的可持续发展，在布馆时，因地制宜地保留了原建筑中的含笑树（图 18、图 19）。

建筑设置无障碍坡道、无障碍电梯和无障碍卫生间，提供完善的无障碍服务（图 20、图 21）。建筑旁设置儿童活动场地，为市民提供亲子休闲活动及健身锻炼的空间，提升其幸福感（图 22）。项目在建筑屋顶设置休闲区，摆放桌椅和遮阳伞，为参观的市民提供温馨的休闲空间，市民参观累了，可以在此小憩、交流和谈心，拉近人与人之间的距离（图 23）。

图 18　改造前树木实景图

图 19　改造后保留原树木实景图

图 20　无障碍坡道实景图

图 21　无障碍电梯实景图

图 22　室外儿童活动场地实景图

图 23　屋顶休闲空间实景图

### 3.2 打造海绵城市公园

项目位于思齐公园内，绿化环境优美，绿地率为 60.45%（图 24）。公园的改造结合海绵城市设计理念，通过增设植草浅沟、下凹式绿地、透水铺装、雨水回收池等措施，有效地解决了公园的积水问题。改造后的室外场地采用透水铺装，占全部硬质铺装的 30%。通过对公园的部分排水系统进行优化，实现年径流总量控制率大于 70%，并形成雨水循环利用系统，回收处理达标的雨水回用于公园内绿化灌溉和景观补水（图 25、图 26）。

### 3.3 智慧建筑

项目在设计和施工过程中应用 BIM 技术，优化工程设计和施工管理（图 27）。项目在运营阶段引入了建筑智能化系统，不断为“城市公园”的智慧运营赋能。除一般建筑模块外，还包括能耗分项计量系统、设备控制系统、环境监测与展示系统等。其中，设备监控模块包括：公共区域照明采用中控系统进行分区分组控制；安装空气质量传感器，对室内环境包括 $CO_2$、甲醛、有机物浓度等进行监测，并与新风机联动（图 28）。智慧展示交互模块包括：运营后通过大屏展示室内外环境监测数据，提升感知度。

### 3.4 绿色运营管理

项目由专业的物业管理公司进行运营管理，制定并实施节能、节水、节材与绿色运营管理制度。作为公民道德馆，对市民免费开放。在运营过程中，物业公司定期对参观者进行问卷调查，问卷内容包括客服服务水平、保洁程度、停车管理、室内热湿环境、声环境、

图 24 项目入口及景观实景图

图 25 室外雨水生态设施实景图

图 26 雨水回用设施实景图

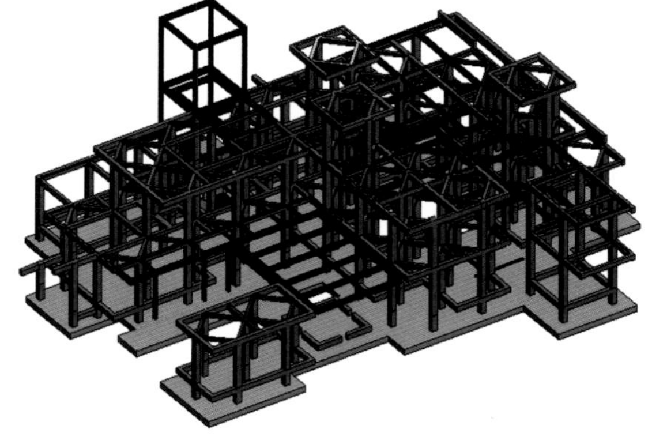

图 27 BIM 结构模型

图 28 室内空气质量监控装置

光环境以及交通便利情况、物业服务水平。整体满意度达到95%以上。

## 4 参与单位工作介绍

江苏省建筑科学研究院有限公司：负责编制项目的绿色建筑改造方案，负责三星级既有建筑绿色化改造设计标识、运行标识的申报及评审等工作。江苏省建筑科学研究院有限公司是国家创新型试点企业，现为国内建设行业规模较大、产业化程度较高的综合性科学研究和技术开发机构，主要业务包括建筑材料研发和工程咨询等，开展建筑设计、建设监理、工程检测与鉴定、建筑节能与绿色建筑、特种工程施工等专项业务。现有高性能土木工程材料国家重点实验室、住房城乡建设部化学建材产业化基地、江苏省绿色建筑与结构安全重点实验室等十多个国家级、省部级研发平台。

江苏建科鉴定咨询有限公司：负责项目室内外环境检测工作，包括声环境、光环境、热湿环境、水质环境等。江苏建科鉴定咨询有限公司是专业从事建筑结构安全鉴定、绿色建筑产品与工程检测、绿色建筑咨询、建筑能效测评等业务的技术服务机构。公司具有建设工程质量检测计量认证、建筑能效测评、门窗节能性能认证等资质。近年来开展各类技术服务项目上千项，为建筑结构安全、节能与绿色建筑事业作出了杰出的贡献。

昆山城市建设投资发展集团有限公司：遵循基本建设程序，依法进行项目的全部经营管理工作。昆山城市建设投资发展集团有限公司成立于2004年3月，公司主要任务是贯彻市委、市政府的战略决策，秉承“服务城市发展，创造优质生活”的发展理念。以“品质为先，民生为本，创新担当，做优做强”为企业精神，以公司化方式进行城市运作，在城市公共空间营造、城市功能完善、老城区更新改造等领域进行投资、建设和管理，为市民创造更好的人居环境。

## 5 总结

社会效益：项目本着“传承道德文化、融合绿色发展”的设计理念，通过“针灸”疗法，从点到面对建筑立面、室内布展以及室外配套绿化等进行改造。建成后的公民道德馆巧且精致，成为昆山市绿色建筑技术应用点示范工程，同时也成为昆山市道德文化参观展示、志愿服务活动及“红色之旅”党员活动实践教育基地。

经济效益：项目综合采用各项绿色建筑技术，包括采用新风热回收机组、太阳能光伏发电、高性能空调设备、节能灯具、高性能围护结构、雨水回收利用系统等，年节约费用约1.64万元。

环境效益：项目通过绿色化改造，综合运用各项绿色建筑技术，为建筑降低能源消耗、减少建筑对环境的影响，树立了良好的榜样，具有非常高的推广价值，有效地改善了室内外环境。

项目作为公民道德展馆，面向广大市民免费开放，既是集中展示昆山公民道德建设成果的主阵地，也是对新老昆山市民集中进行道德教育的主阵地。通过这个平台，深入持久地推进昆山市民道德素养提升，引导广大市民见贤思齐、崇德尚善，自觉成为社会主义核心价值观的传播者和践行者，共同将昆山打造成“道德之城”“文明之城”。同时向市民展示既有建筑绿色化改造、海绵城市公园、智慧建筑等集成应用技术，从而达到在道德宣传中传承、宣传绿色发展理念的目的。

# 国家电网有限公司客户服务中心北方基地（一期）

建设单位：国家电网有限公司客户服务中心
咨询单位：天津住宅科学研究院有限公司
项目地点：天津市东丽区
项目工期：2013年11月—2015年8月
建筑面积：14.28万 $m^2$

作　　者：李树泉[1]、陈杰[1]、赵鲲鹏[1]、汪磊磊[2]、陶昱婷[2]
1. 国家电网有限公司客户服务中心；
2. 天津住宅科学研究院有限公司

## 1 项目简介

国家电网有限公司客户服务中心（以下简称国网客服中心）北方基地（一期）位于天津市东丽湖度假区智景东道以北，丽湖环路以南，由国家电网有限公司客户服务中心投资建设，同济大学建筑设计研究院（集团）有限公司设计，国家电网有限公司客服中心自主运营，总占地面积达 15 万 $m^2$，总建筑面积 14.28 万 $m^2$，其中地上面积 11.54 万 $m^2$，地下面积 2.74 万 $m^2$（图 1）。国网客服中心项目是集生产、办公、生活于一体的大型园区。园区整体功能以办公为主，同时配套多种生活服务功能，承载了集中式呼叫中心、互动网络服务、商务拓展等全业务人员的全部生产、住宿、餐饮、文化、娱乐、体育、休闲、停车、物业管理等综合性服务，共包括运行监控中心、呼叫中心、生产区服务中心、生活区服务中心、换班宿舍等 10 栋楼宇，由北向南分为两个区，北区为生产办公区，南区为辅助区。项目秉承绿色、节能、环保、可持续的宗旨，将智慧健康、舒适宜人的理念贯穿于从规划设计到建筑施工再到项目运营的全过程当中，旨在天津打造一座技术融于自然、科技融于建筑的综合性生态办公园区。

国网客服中心北方基地（一期）项目引入多项现代建筑技术、各类新型建材与部品，共采用 40 余项绿色建筑科技，从生态、经济、能源三方面，为园区内员工创造了独一无二的科技型办公园区，并集成数项管理运营体系，形成了一套适应当地生态规律、满足员工身心需求的现代办公园区运营模式。迄今为止，该项目凭借其超越一般办公项目的优秀性能荣获多项奖项，包括第四届 APEC 能源智慧社区（ESCI）最佳实践奖银奖、中国建筑工程装饰奖、中国绿色建筑装饰示范工程（三星）以及三星级绿色建筑运行标识证书，2021 年获得第八届 Construction 21 国际“绿色解决方案奖”—“绿色建筑解决方案奖”国际特别提名奖，成为绿色办公建筑领域内的典范之作。

图 1 国网客服中心北方基地（一期）项目实景图

## 2 可持续发展理念

国网客服中心北方基地（一期）（图 2~图 4）。项目作为融合绿色、生态、创新理念的实践平台，本着建设绿色宜居型园区的原则，采用了多种绿色建筑技术，在节地、节材、节能、节水等方面，均以可持续发展为首要发展目标。该项目于建筑设计之初就进行了结构优化，减少了钢筋、混凝土等建筑材料的使用量，同时在建造过程中优先选用本地建材，减少了运输过程的碳排放量。通过大力推动绿色施工，有效地降低了建造过程中钢筋的损耗量和混凝土砂浆的损耗量。

项目以节能减碳、生态可持续为出发点，利用多种可再生能源，大幅减少电能消耗，减少碳排放量，并依托智慧园区微能源网平台，实时观察整个园区的能耗指标，对园区的集中能源站进行实时优化运行调节，充分发挥可再生能源的利用价值（图5~图7）。通过构建局域能源互联网，依托局域能源互联网运行调控平台，面向区域内电、冷、热、水等多种用能需求，充分发挥各能源系统的耦合作用，实现园区内多种能源优势互补、协调供给及综合梯级利用，每年减少碳排放量可达万吨级别。结合2020年运行数据，实现了100%电能替代，可再生能源占比34.09%，最大峰值达64.17%，能源自给率运行值最高达56.38%。2020年园区供冷量151.21万RTh，供热量30704GJ；节约标煤4937.2t，减排二氧化碳12305.9t、碳粉尘3357.3t、二氧化硫370.3t、氮氧化物185.1t。

图2　国网客服中心实景（一）

图3　国网客服中心实景（二）

图4　航拍实景图

图5　屋顶可再生能源利用装置

图6　太阳能光伏板

图7　太阳能集热器

## 3 技术措施

### 3.1 被动式节能

国网客服中心北方基地（一期）项目以低碳节能为导向规划设计园区建筑群朝向及布局，在考虑现有地形地势的基础上，尽可能选取最优工况，各建筑间以连廊连接，同时场地内设大面积“乔灌草”复合绿化及垂直绿化，并增设景观水体，优化各季节热量得失（图 8~ 图 11）。园区利用太阳光照、太阳辐射、自然通风等参数进行被动式冷热调节，有利于室内环境热舒适度改善和人员健康，同时减少暖通空调设备的使用，降低了碳排放量。

园区内大多数办公建筑采用以中庭为核心的平面布局，各层的坐席用房围绕通高的中庭展开。中庭顶部为透明玻璃幕墙，将自然光线引入室内的同时减少围护结构面积（图 12）。中庭顶部及办公用房面对中庭侧也开启窗扇，可在过渡季借助中庭的烟囱效应改善室内通风。

除此之外，项目建筑立面采取全方位的遮阳手段（图 13），设置水平向遮阳百叶，采用浅色铝型材，同时兼做反光板，改善室内采光；并采用太阳能光伏发电板作为遮阳（图 14），集建筑立面造型、遮阳、发电多种功能于一体。各建筑屋面采用铝基银色反光涂料保护，减少热辐射。

图 8　园区室外环境

图 9　垂直绿化

图 10　景观水体

图 11　室外连接廊桥

图 12　中庭及采光天窗

图 13　建筑立面内置遮阳装置

图 14　立面太阳能光伏板兼遮阳板

## 3.2　局域能源互联网

### 3.2.1　局域能源互联网架构模型

为打造智能、绿色、节能型园区，缓解节能减排压力，满足园区高稳定性、高质量的供能需求，国网客服中心以电能为中心建设多种能源互补协同的局域能源互联网架构模型，全面集成风、光、储等多种分布式能源生产系统，构建“泛在物联、多能协调、网络共享”的局域能源互联网。该能源互联网规模化应用太阳能、地热能、空气能、风能等清洁能源。其中，可再生能源利用包括分布式光伏发电系统、风力发电系统、地源热泵系统、太阳能热水系统、太阳能空调系统、空气源热泵系统（图 15）；蓄能调节利用包括冰蓄冷系统、蓄热式电锅炉系统、储能微网系统；常规节能利用包括基载冷水机组；同时引入光伏发电树（图 16）、发电单车（图 17）、发电地砖等新型清洁发电装置。

### 3.2.2　局域能源互联网运行调控平台

按照“调得起、控得住、调得准”原则，研发部署了局域能源互联网运行调控平台作为调度控制中枢（图 18），采用日前调度计划与小时级调整方式，自动调控设备运行，实现多能负荷预测、运行优化调控、在线监测、运行

图 15　HVAC 设备机组

图 16　光伏发电树

图 17　发电单车

分析及系统全生命周期运行维护等。按照“以需定产”的原则，每天系统根据天气、用能等数据，自动计算出第二天的负荷预测值，选取绿色、节能、综合最优目标，制定并下发第二天的日前调度计划；运行过程中亦可随时根据实际运行时的天气情况和系统负荷状况，实时调整各子系统设备，实现对园区冷、热、电、热水的统一调度、优化管理和综合分析，为园区运营提供安全可靠、绿色环保和经济节能的能源，实现了光、冷、热、储等多种能源协调的示范应用。

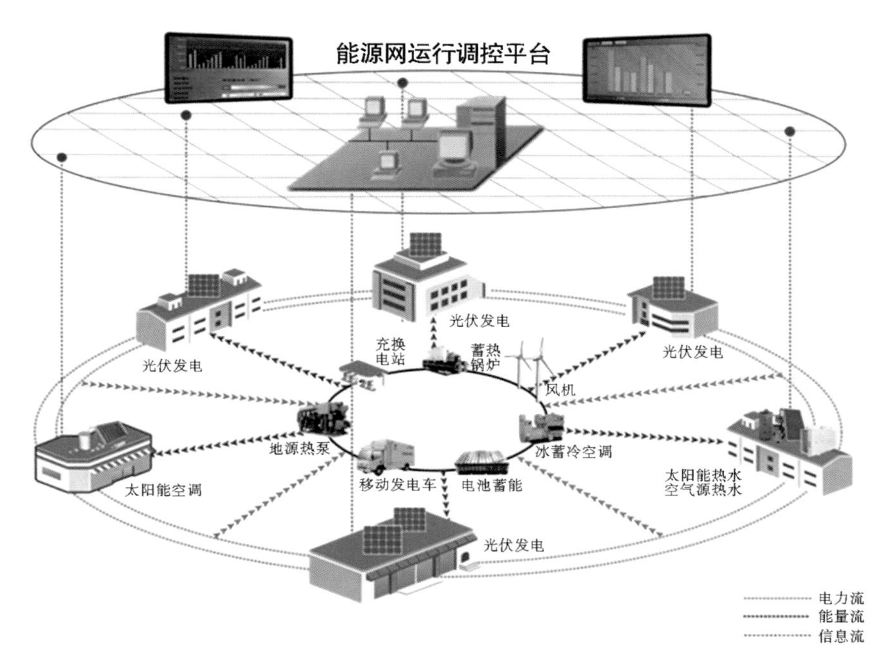


图 18　能源网运行调控平台

## 3.3　智慧化运营模式

园区以智慧化运营的模式开展园区日常管理，开发了智慧园区综合决策管控平台，融合了智慧楼宇、能源、环境、交通及生活五大支撑体系。基于“智、传、感”于一体的平台架构理念，从海量数据管理、智慧型互动控制、数据高级分析应用、多种终端综合展示以及园区型能源调控与负荷预测等方面，最终满足智慧服务型创新园区智慧化、人性化、便捷化需求（图 19）。营造安全高效、智能互动、绿色健康、舒适便捷的办公及生活环境，实现“高效率安全运营”“高质量精益办公”“高品质舒适生活”的园区建设目标。借助智慧服务型创新园区综合决策管控平台的应用，为园区创造了可观的经济效益，整体在空调、照明、供水等方面能源消耗节省30%，同时有效地降低了园区后期维护成本和运营成本。

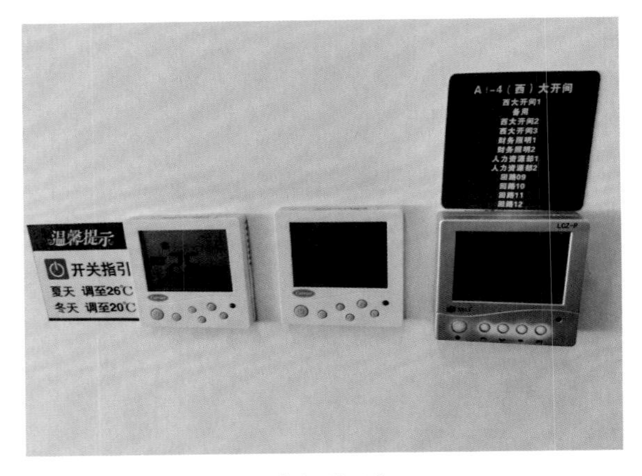


图19 室内温湿度环境控制面板

### 3.3.1 智慧园区综合决策管控平台

作为管控整个园区日常运营维护的多功能智慧综合决策平台，园区内共部署了17520个信息测量点位，全面集成智慧楼宇、智慧能源、智慧安防、智慧环境等43项智慧服务弱电子系统。智慧园区包含园区安防体系、园区一卡通系统、园区环境建设、创新应用、园区运营管理、呼叫大厅环境控制、智能会议管理、园区专用App（图20、图21）。通过充分利用"大数据、云计算、物联网、移动互联网"等先进技术对各种现场感知信息进行分析、诊断和处理，通过信息管理和控制逻辑的执行，有效融合园区内弱电、生产、信息管理等园区业务系统，以实现对各子系统的全面集成、信息共享和智能联动。

### 3.3.2 全生命周期的运营决策评估体系

园区以智慧化的运营模式，考量范围涵盖建筑全生命周期内的日常运营维护需求，借助多源异构数据融合算法创建了基于智慧园区运营全生命周期的决策评估体系，构建了具有异构空间维度特性的高阶张量以捕捉异构数据的高维特征，实现了多源异构数据的融合和协同预警联动功能。整个运营决策平台评估体系包括能源环境、信息化支撑、园区管理、园区生活融合共同体4个方面、10项评价指标的数据模型库、评价指标库；采用聚类（K-means）分析算法，获得决策和评价结果，解决智慧园区的评价指标和技术问题，充分满足园区运营维护各项需求。

图20 室内办公环境

图21 接驳班车及充电桩停车位

图 8　河道湿地重建

图 9　河道鱼类繁殖区重建

湿地科普馆的设计借鉴了祁县传统的封闭院落格局，设有一座大型前广场、一座大型植物园及数处场馆。科普馆由占地 2000m$^2$ 的主体建筑及两座各占地 500m$^2$ 的场馆组成（图 10~图 13）。植物园设计巧妙地借鉴了中国南方传统园林建筑的开窗形式。

这座占地 3hm$^2$ 的植物园的灵感来源于唐

图 10　湿地科普馆内饰

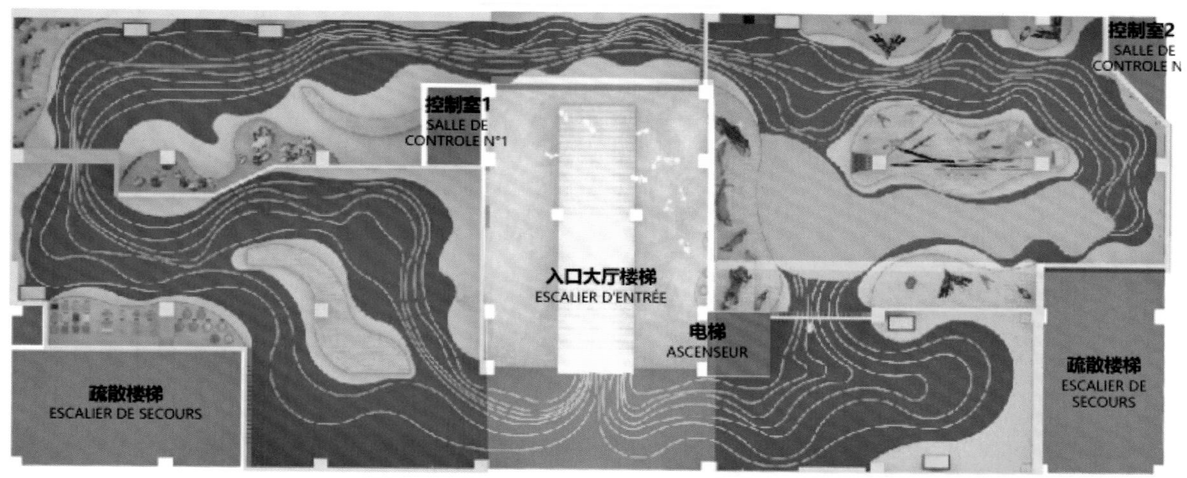


图 11　湿地科普馆一楼布局图

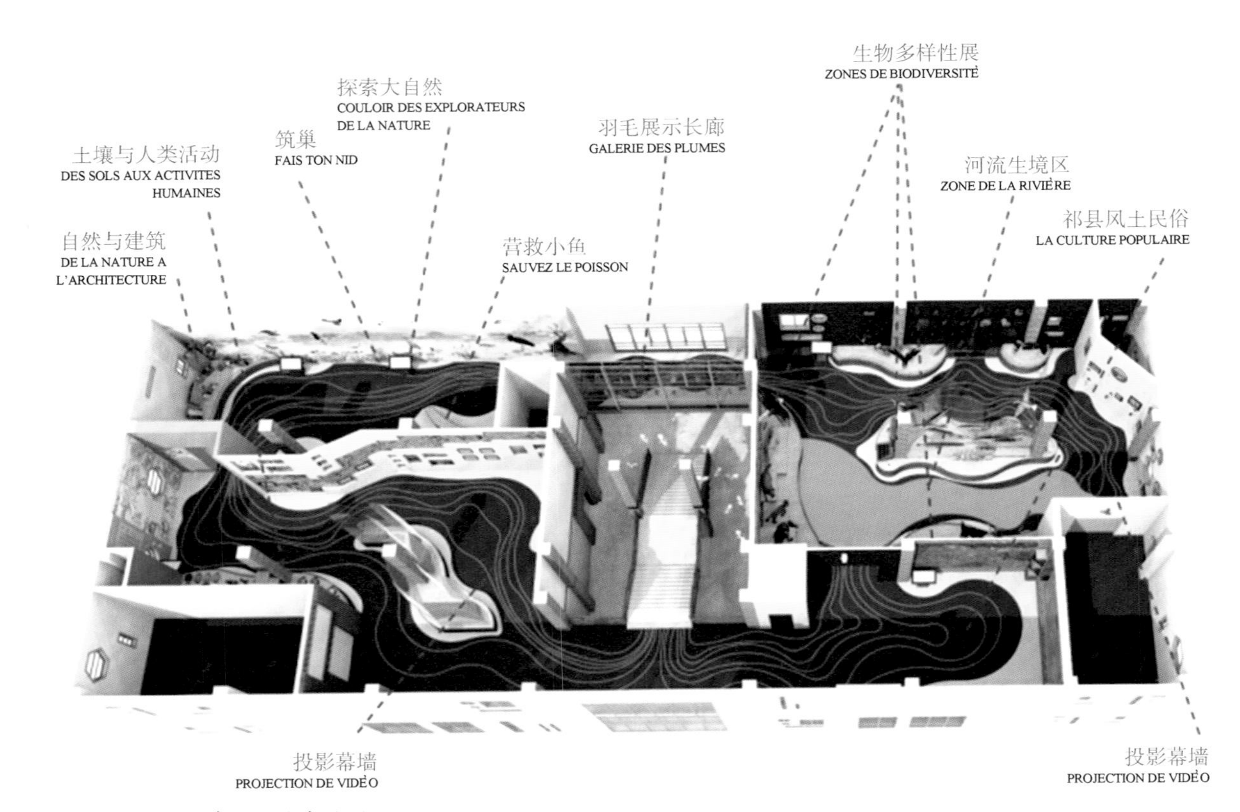


图 12　湿地科普馆二楼布局图

代当地诗人王维所描绘的 20 处景观（图 14）。这 20 处景观与昌源河及其湿地 20 处独特生动系统巧妙呼应。因此，植物园的每个区域都是对王维所描述的场景的生动诠释，例如湖边亭、竹丘、梅亭等建筑。

植物园也是重建已经消失的昌源河典型生态系统的契机。归功于长年不断的水源，竹子、草、乔木和灌木等植物将逐步重现在河岸。以此为出发点，还能够重建这些植物在自然界的生态平衡，使它们能够重新在河岸生长并持续性地修复土壤。

展示河流的生物多样性也是科普馆的核心目标。设计以教育和保护为目的，展览面积超过 1000m$^2$。科普馆着重展出河流周边的动植物藏品，以展示其珍贵性。指导思想是以合理具体的方式展示生物多样性及其生态系统，塑

图 13　湿地科普馆效果总图

图 14　植物园效果总图

造当地人文景观和文化，并以此作为该地区未来经济发展的必要资源。

该科普馆是中国最早的以生物多样性为主题的生态博物馆之一，展品以及布展是根据1971年由法国博物馆设计师乔治·亨利·里维埃（Georges Henri Rivière）和胡格斯·德·瓦里纳（Hugues de Varine）构思的法国生态博物馆模型而设计的。展览尊重国际古迹遗址理事会（ICOMOS）制定的国际建议和国际生态博物馆联合会的规定：

（1）根据不同的生态系统和动植物组成诠释当地的生物多样性；

（2）为不同受众创建具有教育意义和趣味性的展览：儿童、成人、居民和游客；

（3）向游客解释生物多样性的不同生态系统的利用价值；

（4）遵从国际博物馆协会（ICOM）的设计理念，这座生物多样性生态博物馆拥有随着时间的推移可逐步补充的真实展品。

科普馆通过制定详细的动物和植物的科学收藏方式，更好地保护了当地的人类和自然遗产。根据国际博物馆协会（ICOM）和国际古迹遗址理事会（ICOMOS）制定的国际标准，通过创建藏品维护区域，促进中国和国际生态博物馆的相互交流。

馆内设计了针对儿童的游戏和一系列动植物实物展览，并且可自主使用多媒体，此举是为了激发青少年和儿童的兴趣，让他们自发地去实地探索并保护河流的生物多样性。

展览也为观众解释了环境中的潜在威胁，以及生物多样性通过土壤、建材和农业对当地经济发展的意义。

### 2.3 恢复生物多样性公园

九沟生物多样性公园可以保护野生动物，主要是保护当地的濒危鸟类，又称鸟类公园。该公园占地22hm$^2$，是中国首个参照欧洲标准设计建造的鸟类公园。最重要的是，它既不需要从很远的地方去观察自然保护区，也不是动物园，它是专门以可持续的设计理念为鸟类提供生态栖息地的公园。公园的设计使游客靠近鸟类、靠近自然，同时拥有良好的接待基础设施（例如观鸟塔、近距离观鸟亭、小径和浮筒等）（图15~图17）。

为了吸引更多的鸟类，项目从当地已修复的生态系统中获得启发，利用当地植物为鸟类创造一系列不同的生态栖息地——河岸、芦苇地、干草地、灌木丛、森林、湿草地、河漫滩、永久水塘、独立岛屿、枯枝残木、黄土坡林地等。

园内18m高、250m$^2$的观景塔可从不同

图15　鸟类公园

图16　鸟岛详图

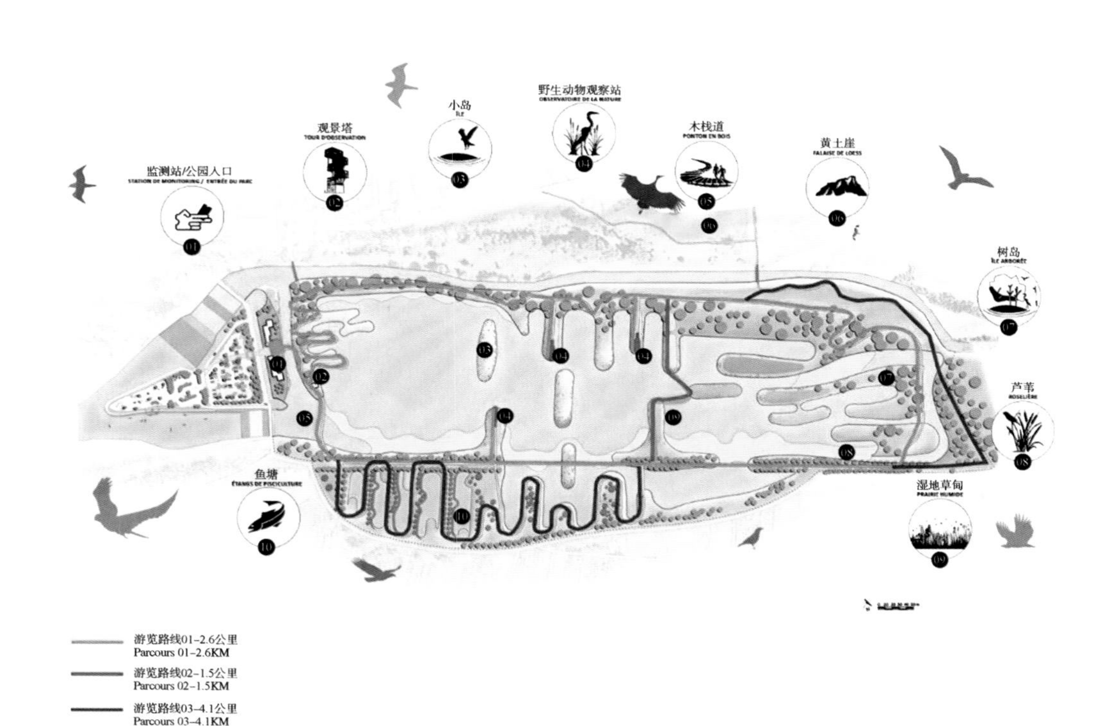


图 17　鸟类公园总图

角度去观赏这些生态系统，并在不干扰鸟类的情况下观察它们。观景塔的每一层都张贴了标识，帮助你识别经常在此出现的不同鸟类。

公园提供包括一条连接各个景点和观测点的环形道在内的多条徒步线路。并采取多种措施减少游客活动对鸟类的影响。例如在道路两侧种植高大乔木，根据季节不同（例如筑巢期）关闭小路，限制瞬时最大游客量为 400 人等。

预计每年的游客量超过 50 万人次。这也意味着，仅凭门票就可以创造约 800 万元的收入，从而增加了当地就业机会，并确保鸟类公园的良好管理，使其具有良好的自我投资能力。

## 3　项目主要技术措施

最初，昌源河有一个永久的河床，不曾断流。然而，近几十年来，河床退化严重，引发大量湿地甚至超过 11 千米的永久河床消失。另外，干旱和洪水的交替，也使土壤盐碱化。

中国黄土高原湿地贫瘠，不利于生物多样性保护，因此，必须采取一系列技术措施来修复该区域永久性河床及其湿地，恢复其生物多样性。

### 3.1　重建永久河床和植物多样性

为昌源河重建 11.5 千米的永久河床，以保护大型永久湿地和水资源。为此要对 90 万 $m^2$ 的流域进行防渗膜覆盖处理，每年储蓄 $2\times10^6m^3$ 水资源。通过种植约 150 万株当地湿地植物，对河岸进行植被恢复（图 18、图 19）。

### 3.2　建设水质修复型湿地

以自然方式重建自然，尤其是利用面积 $2hm^2$ 的植物过滤花园，日处理 $10\times10^4m^3$ 废水（图 20、图 21）。处理过的水质能够达到运用于河流及其湿地生态重建的标准。出水水质达到《地表水环境质量标准》GB 3838—2002中规定的地表Ⅳ类水标准。

### 3.3 重建动物多样性场所

通过建设鸟类公园，重现高水平生态多样性。在大片湿地区域为鸟类重建自然栖息地、重新引入当地已经灭绝的植物，重建该流域的生物多样性场所。最主要的是在河床及公园内建造50余个鸟岛（图22、图23）。

### 3.4 全流域面源综合治理、发展生态旅游

将生态治理与河道两岸农村、农田环境相结合，发展有机种植，鼓励农民使用有机肥料，减少农药使用，结合全新的生态科普馆和鸟类公园，提升景观效果，提升河水水质，引来了包括候鸟在内的多种野生动物，利于发展生态旅游，并将带动更多围绕着昌源河湿地而创建的旅游项目，提高当地的经济发展（图24~图27）。

### 3.5 流域内有机固废生态化处置

以当地生物质材料作为燃料建立厌氧沼气站，建设多个过滤花园来处理包括科普馆和村庄在内的废水，实现了废物、废水和能源的有效管理。沼气站为混合型，对基地中湿地生物质植物产出和农业废料（如梨渣）进行干处理；对养殖废水或博物馆废水进行湿处理（图28）。

图18 河道水系及河床绿植恢复

图19 河道生态修复效果图

图20 水质净化湿地

图21 河道漫滩湿地

图 22　鸟岛水鸟

图 23　鸟岛野生动物观察站

图 24　鸟类摄影基地

图 25　骑马场

图 26　生态特色酒店

图 27　绿水龙舟行

图 28　有机固废发酵堆肥中心

## 4 参与单位工作介绍

（1）业主单位：山西祁县财政局、山西昌源河湿地公园管理委员会

业主单位为整个项目的实施提供了宝贵的建议和意见，将祁县悠久的历史文化资料全部备齐交付设计单位，对整个工程的设计发挥了关键的作用，让各个设计环节既能展现现代风格，又能融入祁县当地的文化底蕴。

在施工建设阶段，业主单位更是全力协调各单位，解决施工中的占地和“三通一平”工作，保证了整个项目的顺利实施。

（2）设计咨询单位：Phytorestore（法国滤园环境科技工程有限公司）

设计咨询单位 Phytorestore 是法国著名的设计公司，其设计的很多项目获得了世界级大奖，其设计的灵魂在于理念超前，能很好地融入当地文化，展示人文情怀。

在图纸设计过程中根据现场环境变化不断调整细节，苛求各个环节都要细致入微。该公司作为一家外国设计企业，对中国的古代文化特别是晋文化研究颇深，所以将晋文化融入项目设计中，使生态旅游设计更加贴近当地实际。

（3）总承包单位：中国中元国际工程有限公司

总承包单位负责该项目的施工，在整个项目的施工阶段，总承包单位发挥出专业的工程管理水平和建设水平，保证了整个项目的最终效果得以呈现。

总承包单位统筹各单位的工作，根据现场情况随机应变，保证了施工工期，在材料质量和施工中严格把关，保证了施工质量，出色地完成了该项目的施工任务。

（4）监理单位：山西协诚工程项目管理有限公司

监理单位严格地监督、指导工作，在项目的实施过程中，高效地协调各施工场地的问题，及时解决各类问题，时时监督施工现场，把控施工质量。

监理单位严格把控材料的检测及施工的质量，这是项目高质量交付的保证。

## 5 总结

山西昌源河国家湿地公园建设项目是中法两国共同努力在生态领域共同发挥引领作用的结果，是贯彻习近平总书记绿水青山就是金山银山理念的标杆，项目实施后，生态环境得到提升。

# 碧桂园森林城市

开发单位：碧桂园集团
项目地点：马来西亚柔佛州依斯干达经济特区
开工日期：2015 年
项目工期：25~30 年[①]
建筑面积：已建成总建筑面积约 400 万 $m^2$
作　　者：碧桂园森林城市

① 具体周期将结合全球与当地的经济社会发展形势动态调整。

## 1 项目简介

碧桂园森林城市项目位于马来西亚柔佛州依斯干达经济特区，由碧桂园集团与柔佛人民基建集团联手打造，总规划占地面积约30平方千米，已建成总建筑面积约400万$m^2$，2021年获得第八届Construction21国际“绿色解决方案奖”—“可持续基础设施解决方案奖”国际入围奖。

在可持续发展方面，森林城市制定了城市协同发展、绿色低碳建设、健康生活社区、独特城市形象的战略与愿景；定位为本地一体化经济纽带以承接产业与消费、区域一体化战略高地，以服务新技术应用与总部基地、国际绿色智慧城市典范，培育产业链生态和服务，打造可持续发展的宜居之城。规划了旅游会展、医疗保健、教育培训、外企驻地、近岸金融、电商基地、新兴科技、绿色智慧等八大产业。

项目成功应用了多维立体绿化、海绵城市设计、智慧城市、韧性城市、TOD模式、建筑工业化等先进理念，采取红树林生态系统保护、海草保护、堤岸保护、水质实时监测等措施，实现土地集约利用、生态可持续、生物多样性保护，营造“绿色、生态、智慧、和谐”的宜居城市环境。森林城市的绿色智慧理念得到了社会各界的广泛认同，获得了马来西亚首相亲自颁发的企业社会责任贡献表彰证书，此外还获得了波士顿建筑支会（BSLA）颁发的波士顿景观设计优秀奖，全球人居环境论坛颁发的“可持续城市与人居环境奖”，房地产领袖高峰会颁发的（MIPIM Asia）2016“最佳未来超级城市”金奖等国际奖项，树立了国际化产城融合的典范（图1~图14）。

图1　森林城市远眺图

图2　森林城市鸟瞰图

图3　森林城市实景（一）

图 4　森林城市实景（二）

图 5　森林城市实景（三）

图 6　森林城市实景（四）

图 7　森林城市实景（五）

图 8　森林城市商业街

图 9　森林城市休闲养生度假胜地

图 10　森林城市滨海酒店

图 11　马来西亚最大的大红花主题迷宫景观

图 12　森林城市交通枢纽

图 13　森林城市建筑工业化基地 1 期

图 14　嘉德圣玛丽森林城市国际学校

## 2　可持续发展理念

森林城市为岛屿城市，主要在节能减排、保护生物多样性、降低环境影响等方面做出贡献。森林城市环绕中央海草区，在开发初期，项目团队同马来西亚顶级的海草研究团队马来西亚博特拉大学（UPM）展开合作，研究海草保护和培育措施，设立海草保护区，资助开展居民环保意识提升和垃圾清理等环保活动，落地生态博物馆提供科普教学基地（图 15、图 16）。

为降低建设阶段能耗，森林城市在场地

图 15　联合马来西亚 UPM 大学开展海草保育

图 16　马来西亚 UPM 大学奖学金计划

采用预制装配式建筑的施工方式。根据整体评估，装配式的建造方式总体可节水约 50%，降低砂浆用量约 60%，节约木材约 80%，降低施工能耗约 20%，减少建筑垃圾约 70%。目前，开发建设的森林城市地标项目采用网格式楼宇自动控制系统、监测空调系统、给排水系统、智能照明系统、送排风系统、电梯系统，避免运行故障，采用多模式控制方式，优化用能并减少消耗。设置开敞式地上车库，充分利用自然采光，降低照明和机械通风需求。每个地块的车库设置在正负零地面以上，为 2~3 层侧面开敞通风式车库，通风面积大于等于 40%，促进了车库的自然通风，降低了机械通风所需的能耗。同时，开敞侧立面引入自然光，降低了立体车库内的照明需求和能耗。

森林城市采用从地面到屋顶的多维立体绿化系统，建成平面绿化面积 271 万 $m^2$，垂直绿化约 25.6 万延米。在立体绿化植物的选取上，兼顾景观美化和生态效益，且适应马来西亚的气候、抗性强和易养护等特点，最终选取碧桂藤和簕杜鹃等易繁殖、扦插成活率高、培育时间短、颜色鲜艳、耐旱、需水量相对较少的绿植，实现城市建筑立体绿化和降低能耗目标。立体绿化植物维护是以浇水（滴灌、喷淋）为主，修剪为辅（2 个月修剪一次）。滴灌和喷淋系统以中控系统控制阀门，科学控制喷灌时间，减少用水量。浇灌用水来源为生活污水经水循环系统处理后的中水，节约了大量的饮用水，起到了明显的节水效果并从根本上实现了水生态的良性循环，保障了水资源的可持续利用。

从项目建设初期开始，与马来西亚污水局（Indah Water Konsortium）开展合作，委托其进行污水处理。目前，森林城市已建设 5 个污水处理站，进行污水处理和循环利用并确保水质安全。生活污水和废水通过污水处理站处理、人工湿地系统净化、消毒等全过程治理，用于绿植浇灌和景观补水。同时，收集储存雨水用于旱季时绿植浇灌。全岛的绿化灌溉用水可实现 90% 以上利用雨水和中水。

森林城市每个基建项目开工前，都会严格遵照《环境保护指导文件 1.0 版》（内部文件）要求，制定环境保护施工方案，对施工过程中的水质、泥沙质量、沉降情况、海岸线、空气质量、噪声等生态指标进行监测，制定详细的管理措施。为确保项目建设过程中严格执行相关环保措施，森林城市设立专项环境保护基金，将所需费用纳入项目工程预算，保证措施有效落地。

五年来，森林城市不断推进环保指标体系建设，使之成为公司的业务标准，并推动成为行业标准（图 17、图 18）。

图 17　森林城市海之羽地标

图 18　森林城市海蓝湾

## 3 技术措施

### 3.1 生物多样性保护

针对森林城市环绕中央海草区的情况，森林城市开展海草研究、组织环保活动、建设生态博物馆，采用多种方式对项目所处海域海草生态系统进行保护。森林城市同马来西亚顶级的海草研究团队马来西亚博特拉大学（UPM）开展为期4年的海草保育计划，设立海草保护区，研究水深、水质等多因素影响下对海草的保护和培育，包括监测海草生长情况、相邻水域安装暂时性淤泥屏障、启动在线生态监测系统、每季度定期进行生态研究、检测动植物的生长情况以及每个季度监测海岸线的沉积和侵蚀情况等。同时，资助当地的环保组织 Kelab Alami，提升居民环保意识，开展海草保育、垃圾清理等辅助和支持海草保护的环保工作。

### 3.2 水资源循环利用

森林城市积极探索水资源利用策略，生活污水及废水100%进行收集处理，不让任何形式的污水进入岛内外水体污染环境，同时也达到了水资源最大化利用的目的。项目规划了18座污水处理站，目前已完成建设5座，现处理能力达到170400人口当量。采用先进生物处理技术，处理后经过人工湿地系统进行深度净化（图19），对水中有机物进行分解，并经过消毒处理后用于绿植浇灌或补充景观用水。中水处理系统处理后的水质指标均优于马来西亚环境部颁布的排水标准A级中的各项指标，接近于马来西亚国家对自然水体分类中的Class Ⅱ B标准（可接触皮肤的休闲用水体）。

目前，全岛的绿化灌溉用水可实现90%以上利用雨水和中水。作为“海绵城市”的倡导者，森林城市通过建造水循环利用系统，将所有的污水集中收集处理，并通过设立独立的中水回用系统用于建筑屋面绿化、垂直绿化、地面绿化浇灌等（图20、图21）。森林城市大部分的绿化用水都来源于处理后的中水，日后也将通过海水淡化技术实现水资源的有效利用。

### 3.3 绿色交通

森林城市从交通系统策略的不同层面积极推动公共交通、共享服务发展，降低私家车使用率，大幅地降低了二氧化碳排放。

图19 为水循环提供净化作用的人工湿地

图20 污水处理站外观（一）

图 21　污水处理站外观（二）



森林城市提倡绿色出行理念，已开通运营业主巴士和环线专车，满足业主及居民岛内及外出需求。物业利用电瓶车为居民提供接驳服务。

此外，为满足居民及游客在岛上的短途交通需求，森林城市引入了共享新能源汽车及共享自行车运营服务商。

倡导绿色出行，建设活力城市，森林城市施划自行车骑行道路，不但为城市居民提供了自行车交通保障，也使得森林城市成为自行车运动爱好者的训练基地。

### 3.4　智慧城市管理

作为城市运营商，森林城市在城市运营和管理上，强化城市安全，推动智能、智慧解决方案的落地。

在城市建设初期，森林城市就着手实施安全生产与建设工作，制定了完善的城市公共安全体系，倡导自然安全、生态安全、医疗卫生安全、食品安全、交通安全、公共场所设施安全、治安安全、社会保障安全以及信息安全的城市安全理念。

在智慧运营方面，森林城市努力推动建设一个集结物联感知、数据汇集、数据分析及业务应用的管理闭环，为城市数字化管理水平提升提供数据保障。

## 4　参与单位工作介绍

（1）碧桂园集团（02007.HK）

碧桂园集团是为社会创造幸福生活的高科技综合性企业。

① 积极投身机器人产业

科技发展日新月异，机器人时代已经到来。碧桂园投身科技创新大潮，广纳人才、博采众长，集 20 万名员工、1000 多名博士的智慧，用科技的力量为社会创造美好生活，助力国家科技进步。

碧桂园集团成立博智林机器人公司，研发应用以建筑机器人、新型装配式建筑、BIM 技术为核心的智能建造体系，努力实现安全、质量、时间和效益的完美结合，引领建筑行业的变革，并同步推进餐饮、医疗、农业、社区服务等各类机器人的研发、制造与应用。

碧桂园集团成立千玺机器人公司，打造国内外领先的机器人餐厅，向社会提供好吃、卫生、营养、健康、实惠的美食，创造全新的餐饮体验。

② 打造好房子、好社区

碧桂园集团坚持做中国新型城镇化的践行者，以工匠精神反复推敲房子的安全、健康、美观、经济、适用和耐久，为社会提供装修精美的好房子、风景宜人的好园林、设施完备的好配套、贴心周到的好物业，迄今已为超过 1400 个城镇带来现代化的城市面貌，超过 450 万户业主选择在碧桂园社区安居乐业，为中国的城镇化和现代化做出贡献。

③ 积极参与农业现代化和乡村振兴

碧桂园集团成立农业公司，用先进的无人化装备发展大农业，提升农业生产效率、粮食产量和品质，助力解决世界粮食问题。

碧桂园集团成立碧优选公司，组织农民开发种植养殖基地，搭建城乡商业桥梁，把丰富、安全、好吃、实惠的产品从田间地头直接带到城市社区，服务每一个中国家庭的幸福生活。

④ 希望社会因碧桂园的存在而变得更加美好

精准扶贫和乡村振兴也是碧桂园集团的主业之一。立业至今，碧桂园集团创始人及集团累计参与社会慈善捐款已超 90 亿元，并主动参与全国 16 省 57 县的精准扶贫和乡村振兴工作，已助力 49 万人脱贫，未来将继续为巩固拓展脱贫成果、实现乡村振兴贡献力量。

作为一家自 2007 年就已在中国香港上市的恒生指数成分股公司、《财富》世界 500 强企业，碧桂园集团在 2020 年的纳税额达到 653 亿元人民币。碧桂园集团将坚持做有良心、有社会责任感的阳光企业，为人类社会的进步而不懈努力奋斗。

（2）柔佛人民基建集团

该集团成立于 1995 年，由柔佛州政府公司控股，多年来，作为柔佛州社会和基础设施项目的主要开发商而享有盛誉。柔佛人民基建集团还参与房地产投资和基础设施开发。同时，作为依斯干达特区投资股东，柔佛人民基建集团已在特区打造了多个重点项目，拥有丰富的开发经验及雄厚的实力。

在公司愿景和规划的指导下，柔佛人民基建集团实施创新战略，凭借其资金优势、经验丰富的管理团队以及敬业奉献的员工，尽最大努力履行委托的职责，践行建设更好柔佛的宗旨。

## 5 总结

森林城市：探索城市发展与自然环境保护的平衡之道，建设绿色、生态、智慧、多元文化融汇的产城一体化的未来城市榜样。

森林城市从规划建设初期的以保护周边生态环境为重点的填海施工，到全力推动项目开发建设中的环保方案落地，再到持续开展森林城市周边红树林养育、海草养育工作，以及推动绿色产业发展，森林城市始终以保护环境、绿色生态开发为己任，致力于探索城市发展与自然环境保护的平衡之道（图 22~ 图 24）。

在落实环境保护举措的同时，森林城市更积极地推动绿色及环保文化建设。2020 年，森林城市生态博物馆一期正式对公众开放，包括展厅、实验室和部分生态走廊（图 25、图 26）。“展陈”大厅内共计展出超过 100 种生物样本，其中实验室将作为科研教学基地供给合作科研机构和高校开展工作，也作为科普教室为周边居民提供科普教学讲座等。在博物馆开放之际，森林城市向公众公开了“森林城市生态发展行动纲领”，明确提出了阶段性生态城市发展建设、运营管理的目标。遵循这一纲领，森林城市将绿色生态理念贯穿于开发建设中，从绿色建筑、海洋动植物保护，到施工方式的选择，都体现了其绿色智慧产业新城的定位。

森林城市不断优化和升级城市配套服务，持续规划和引入以高新技术产业为代表的八大产业，利用产业带动经济、产业导入人口、产业服务城市的发展理念形成城市不断发展升级的原动力，最终实现以城促产、以产兴城、产城融合的城市发展规划。以城市级开发体量开发森林城市，森林城市计划通过 25~30 年的开发周期，打造一个绿色生态、智慧、多元文化融汇的产城一体化的未来城市榜样。

图 22　红树林植树活动

图 23　周边社区环保活动

图 24　森林城市 Go Green 环保行动——公益组织环保讲座

图 25　森林城市生态博物馆（一）

图 26　森林城市生态博物馆（二）

# 中新天津生态城南部片区

规划和建设主管单位：中新天津生态城建设局
资 产 管 理 单 位：天津生态城国有资产经营管理有限公司
咨 询 单 位：天津生态城绿色建筑研究院有限公司
项 目 地 点：天津市滨海新区
项 目 工 期：2008年1月—2020年12月
项 目 面 积：7.8km$^2$

作 者：郭而郛[1]、杜涛[1]、孙晓峰[2]、邹芳睿[1]、周玉焰[1]
1. 天津生态城绿色建筑研究院有限公司；
2. 中新天津生态城建设局

The Winner of Sustainable City Grand Prize
of the Green Solutions Awards 2018 is awarded to:

China-Singapore Tianjin Eco-city
South District

- Project holder: Construction Bureau China-Singapore Tianjin Eco-city
- Developer: Tianjin Eco-city Investment and Development Co., Ltd.
- Technical consultancy agency: Tianjin Eco-city Green Building Research Institute

With the support of

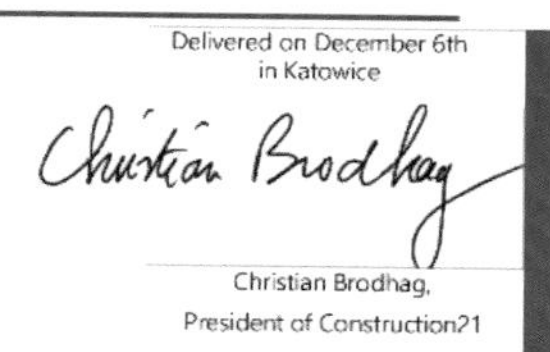

BNP PARIBAS
REAL ESTATE

## 1 项目简介

中新天津生态城（以下简称“生态城”）是中国、新加坡两国政府在生态城市建设领域的标志性合作项目，彰显了两国政府应对全球气候变化、加强环境保护、节约资源和能源的决心，充分体现了资源约束条件下建设生态城市的示范意义，为其他城市可持续发展提供样板。该项目于2018年获得第七届Construction21国际“绿色解决方案奖”—“可持续城区解决方案奖”国际第一名。

21世纪初，城市化发展加速带来的交通拥堵、资源紧张、环境恶化、气候变暖等问题日益加剧，绿色生态成为世界城市发展的主流趋势。

生态城的建设，是在中国大规模城镇化背景下，对城市绿色、可持续协调发展的探索和尝试，其选址区域为三分之一废弃盐田、三分之一污染水面、三分之一盐碱荒滩，无耕地、水质性缺水、环境退化问题严重，生态脆弱。1经过十余年建设发展，生态城从一片荒芜的盐碱滩涂蜕变成绿意盎然的城市社区、安居乐业的家园，演绎了一个“绿色蝶变”的传奇（图1）。

## 2 可持续发展理念

生态城自2008年正式动工，历经12年建设，生态城南部片区基本建设完成，总占地面积7.8km²，规划容纳总人口11万人。

生活品质方面，步行500m范围内设有免费文体设施的居住区占比达到100%。城区规划针对不同人群需求制定相应管理制度并提供公共服务，建设生态社区，服务半径约500m，

图1 生态城建设对比图

服务人口不超过 30000 人，可满足居民日常医疗卫生、商业服务、文化体育等生活需求。

经济发展方面，生态城建立了综合性的生态环保、节能减排、绿色建筑、循环经济等技术创新和应用推广的平台；聚焦智能科技服务、文化健康旅游、绿色建筑开发三大主导产业，着力构建有活力的产业生态、现代高科技生态型产业基地。

资源保护方面，生态城拥有给水、污水、雨水以及再生水专项规划，区域给水水质与供水安全有保障；采用先进适用技术，因地制宜地对污染土壤进行修复，在盐碱地生态修复与生态建设方面发挥出国家级项目示范作用；生活垃圾采用分类收集，密闭运输，可回收、可再生利用的垃圾由垃圾资源化处理中心进行资源化处理。

生物多样性方面，生态城就生物多样性保护提出了规划方案，要求本地植物指数不低于 0.7，恢复建设鹦鹉洲和白鹭洲两处鸟类栖息地及永定洲生境演替区，最大限度地保护本地生物种群的生存环境。

能源利用方面，生态城全面推进节能减排，积极开发利用新能源，优化能源结构，全部住宅安装太阳能热水设施，全部公共建筑和产业园区实现地源热泵制冷供热，初步形成了以地热能、太阳能和风能为主的新能源利用体系。

# 3 技术措施

## 3.1 自然环境改善

### 3.1.1 湿地修复与岸线保护

生态城在建城之初，用 3 年的时间，治理污泥 $3.85\times10^6 m^3$、污水 $2.15\times10^6 m^3$，将积存 40 年的污水库改造成为碧波荡漾的景观湖。同时，挖深湖底、堆山造岛，沿湖建设 8 千米长绿化带，形成风景优美的湖岸景观，创造了人类污染场地治理的奇迹，实现了环境效益、社会效益、经济效益的全面丰收。

湿地被喻为“生态之肾”。生态城早在开工建设之初，就将自然湿地保护纳入到指标体系和总体规划中，确保自然湿地零净损失。在完整保留、恢复、修复蓟运河故道等原始湿地的同时，打造了惠风溪、甘露溪、白鹭洲等一批独具特色的人工湿地（图 2、图 3）。

生态城坚持“自然恢复为主、人工修复为辅”的原则，完整地保留了蓟运河自然岸线，还精心打造静湖、故道河岸自然景观带。针对海岸线保护，生态城编制完成《滨海岸线景观规划》，充分利用临海新城、原旅游区等 30 余千米海岸线，建成南湾公园（图 4），南堤步道，将功能需求、空间布局、交通组织、特色

图 2　蓟运河故道示范段实景图

图 3　惠风溪公园实景图

营造、海绵城市等内容相融合，形成了功能合理、层次丰富的滨海空间。

图 4　南湾公园实景图

### 3.1.2　盐碱地改良

盐碱土壤改良一直是中国沿海城市景观绿化中的难题。生态城区域内土壤盐渍化程度高，有机质、速效氮含量低，土壤物理性能差，地下水位高，且多为咸水或微咸水。

生态城借鉴国内外实践经验，对盐碱地实施物理、水利、农业、生物综合改良，选育本地适生耐盐碱植物，逐步恢复和提高土地生态系统的自我调节能力，昔日的盐碱地如今已成为活力焕发的生态绿洲（图 5）。

生态城在改良原址盐碱地的基础上，构建了便捷的城市户外绿地体系，陆续建成生态岛、生态谷、生态廊道、滨水景观、主题公园、街角绿化等城市绿地景观，成为市民文化、休闲、娱乐、健身的理想之地。截至 2020 年，生态城已建成投用公园 39 座，占地面积 415.9 万 $m^2$，累计绿化面积 $1049hm^2$，建成区绿地率达到 50% 以上（图 6）。

图 5　盐碱地修复对比

图 6　生态城公园实景图

#### 3.1.3 生态系统优化

为维持生态系统健康稳定，生态城在建设之初提出本地植物指数不小于0.7的指标要求，大规模种植本地适生植物，建立适生植物谱系。以国槐、白蜡、刺槐、山桃、金银木、接骨木等既适应本地气候又反映地方特色的乡土植物为骨干树种；引入法桐、皂角、银杏、紫薇、绚丽海棠等适应性强的外来树种，丰富植物多样性；适当点缀观花、观叶、观果植物，配置芦苇、碱蓬等耐盐碱植物。

经过12年的开发建设，生态城的植物种类由最初的66种增加到了现在的265种，其中栽培植物149种，野生植物116种，打造了层次分明、季相显著、丰富多彩的生态植物群落（图7）。

生态城完整保留了区域湿地，预留了鸟类栖息地，形成了集河道、湖面、草地、湿地、海滩于一体的生态格局。通过恢复区内生物生境，极大地丰富了区内生物种类，吸引了天鹅、东方白鹳、鹭类、鹤类、鸥类、雁鸭类等数十种候鸟栖息停留，其中还有以遗鸥为代表的珍稀和重点保护鸟类在这里繁衍、生息。

目前，生态城区内观察并记录在册的鸟类总计179种，其中涉禽和游禽种类最为丰富，共87种，占总数的48.6%，较开发建设前有了大幅提升，区域从贫瘠单调的盐碱荒滩变为生机盎然的鸟类天堂，实现了人与自然和谐共生（图8）。

图7　生态城部分植物

图8　鸟类栖息停留

## 3.2 绿色低碳发展

### 3.2.1 发展绿色建筑

绿色建筑是在建筑全生命周期内最大限度地实现资源节约的建筑。生态城自建城伊始便确定了 100% 绿色建筑的强制性指标。为落实指标要求，生态城制定了绿色建筑设计标准、施工规程、运营导则以及评价标准，实现了生态城绿色建筑标准与国家标准对标。

经过十余年开发建设，生态城绿色建筑始终走在全国前列，所有建成项目均达到绿色建筑标准，最大限度地实现了建筑节能、节水、节地与节材，是全国绿色建筑最为集中的城区之一（图 9），相继获得“北方地区绿色建筑基地”“国家绿色生态城区”等荣誉。同时，生态城还在近零能耗建筑、被动式建筑、健康建筑等新兴领域不断开展创新实践，建设了一批引领性示范项目。

### 3.2.2 可再生能源利用

生态城通过编制可再生能源专项规划，从优化可再生能源结构、创新开发利用形式、完善供应方式和运营模式等方面入手，逐步建立起了以太阳能、地热能、风能、生物质能为主，安全、高效、可持续的综合可再生能源利用体系。经测算，2020 年生态城合作区可再生能源利用率达到 15%，是国内获得绿色生态城区运营标识项目中可再生能源利用占比最高的区域。

太阳能资源。生态城鼓励发展市政和项目两级太阳能光伏发电系统建设。截至 2020 年，已实施中央大道绿化带、北部电力高压走廊等市政级光伏项目，并在动漫园、科技园、北部产业园、水处理中心等项目中建设光伏发电设施，全年累计发电量 1272.6 万 kW · h，所发电量用于项目自用或并入电网，有效地减少了常规能源消耗。同时，生态城全面推行太阳能热水系统的建筑一体化应用，实现民用居住建筑太阳能热水系统全覆盖，保证率达到 80%（图 10）。

地热能资源。生态城大力推广土壤源热泵技术应用，为公共建筑项目、产业园区提供建筑所需的冷热源。截至 2020 年，生态城已建成土壤源热泵应用项目 31 个，应用建筑面积超过 100 万 $m^2$，成为生态城可再生能源利用的主要来源。

风能资源。生态城突破常规风电场建设及运行模式，建成蓟运河口风电场项目，2020 年发电量达 335.1 万 kW · h（图 11）。

生物质能资源。生态城可再生能源循环利用工程已于 2020 年开工建设，一期主要建设厨余垃圾、餐饮垃圾、污水处理厂污泥处理系

图 9　绿色建筑项目实景图

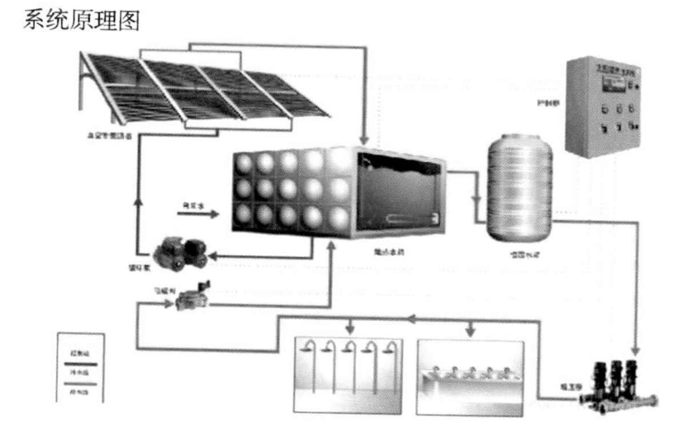


图 10　太阳能光电光热技术应用

图 11　蓟运河口风电场项目

统及相关配套设施等，垃圾处理量约 $1\times10^6$t/d（图 12）。建成后，日均将产出 4738$m^3$ 沼气，可用于精制天然气，成为区域资源循环利用的又一示范项目。

### 3.2.3　非传统水资源利用

生态城基于自身水资源禀赋特点，借鉴新加坡“四大水喉”开源路径，建立了有自身特色的非传统水资源开发利用体系。2020 年全年，合作区非传统水源利用率超过 50%，实现了水资源高效利用。

雨水利用。生态城以“海绵城市”试点建设为基础，通过渗、滞、蓄、净、用、排等多种技术，构建生态城雨水综合利用体系。生态城的

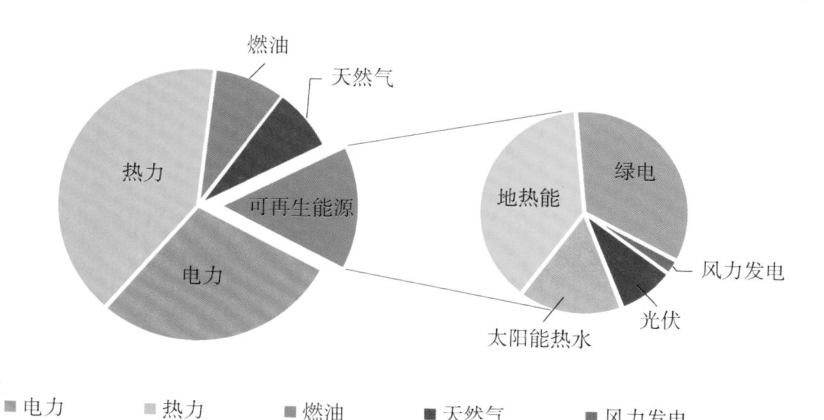


图 12　2020 年生态城合作区可再生能源利用情况

雨水主要用于景观补水，雨水通过海绵城市设施过滤收集后，全部进入景观水体，年均补水近 $3\times10^6$t。在绿化景观中，主要利用起伏的地形创造下凹的空间，使降雨充分下渗至种植土，涵养种植土水分，减少浇灌次数。在公共建筑和住宅项目中，设置集中雨水收集利用设施，为就近利用雨水提供便利条件（图 13、图 14）。

污水处理。水处理中心是生态城水资源利用的核心设施，日处理能力为 10 万 t/d，出水水质标准由最初的一级 B 逐步提升至目前的地标 A 类，相当于地表水Ⅳ类景观用水要求（图 15）。生态城和周边区域污水经过处理，一方面作为地表水的生态补水，解决了北方缺水地区因蒸发量远大于降雨量所导致的地表水体水质保持和改善难题；另一方面作为再生水水源加以重复利用。截至 2020 年，全年处理污水 3006 万 t，实现生态补水 $2.7\times10^7m^3$。

再生水与淡化海水。借鉴新加坡“新生水”经验，生态城水处理中心利用处理后的污水作为水源，建设再生水厂，处理规模 $2.1\times10^4$t/d，出水水质优于《城市污水 再生利用城市杂用水水质》GB/T 1892—2002 年

图 13 雨水利用补水景观

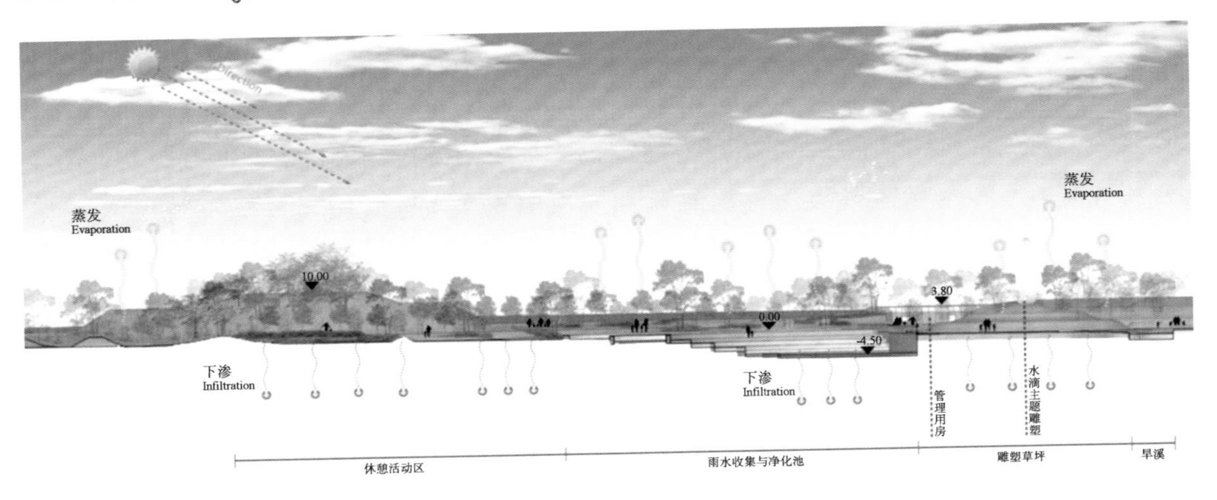


图 14 雨水利用示意图

辆冲洗水标准。2020年，生态城中水利用量为241.39万t，主要应用于市政环卫、绿化灌溉及居民冲厕用水，已实现30个小区中水入户。

此外，生态城正在建设由北疆电厂供水的淡化海水引水管线和加压泵站（图16），建成后可实现供水规模近期达$7\times10^4$t/d，远期可达$1.2\times10^4$t/d，进一步提升生态城的非传统水资源利用能力。

### 3.3 生态与智慧融合发展

生态城是国家首个绿色发展示范区和首批智慧城市试点，"生态＋智慧"双轮驱动发展战略为生态城高质量发展注入了蓬勃活力。生态城的高质量发展之路，就是以生态城市建设为基础，充分叠加智慧城市要素的创新发展之路，就是着力打造生态城市的升级版、智慧城市的创新版，推进生态与智慧融合发展。

在交通领域，生态城采取智慧交通措施。通过人工智能算法，实现了信号灯的自动配时，从原来的"车看灯"变成现在的"灯看车"，平均车速提高了12%，拥堵时间缩短了13%，早高峰时段缩短了30min，实现了交通领域的节能减排。

在民生领域，依托"智慧供热"系统，生态城合作区50座换热站全部完成"无人值守智能换热站"的系统升级，实现了"源—网—站—户"数据的互联互通与共享，构建了全流程智慧供热管理系统，实现了"精准供热"的一站式智能管理（图17），在保证用户舒适取暖的同时，达到了节能降耗的效果，大大提升了用户的满意度与幸福感。

在环保领域，生态城通过整合多方监测数据，对大气污染情况进行精确技术分析，为空气质量预警和管控措施提供有效支撑。结合各类工地扬尘、道路积尘量、机动车尾气等实时监测数据实施管控，区域大气污染源监管效率得到明显提升。此外，生态城还使用无人机挂载摄像头、高光谱、空气质量传感器等设备，执行多种飞行任务，全面提升生态城全域大气环境的感知和分析能力。

## 4 参与单位工作介绍

中新天津生态城建设局作为规划和建设主管部门，主要负责天津生态城的区域城乡规划、国土资源管理；交通运输管理；市政公用

图15 水处理中心实景图

图16 再生水处理厂

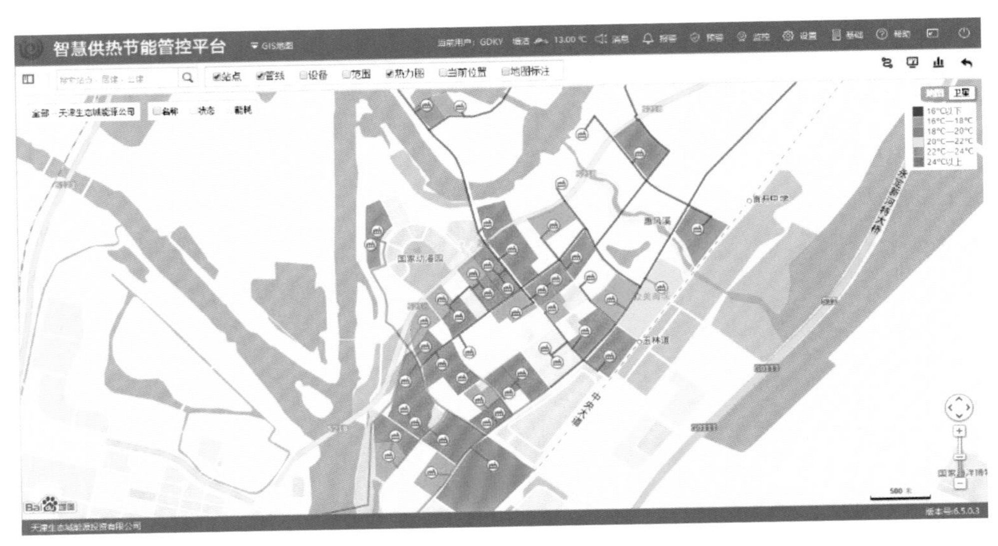


图 17　智慧供热节能管控平台



基础设施、房屋建筑、园林绿化及配套设施项目的建设管理；绿色建筑指标体系的编制、监督实施、评价工作等。

天津生态城国有资产经营管理有限公司是由中新天津生态城管理委员会出资组建的国有资产管理公司，主要负责天津生态城国有资产经营管理有限公司授权范围内的国有资产经营与管理、房屋租赁、景观绿化工程建设与管理、公共建筑项目建设与管理等。天津生态城国有资产经营管理有限公司贯彻执行生态城管委会的工作部署，服务区域整体发展，发挥国有资产投资、建设、管理平台作用，实现国有资产全生命周期管理，确保国有资产保值增值，为生态城基础设施建设和公用事业发展提供了极大支持。

天津生态城绿色建筑研究院有限公司成立于 2011 年 6 月，是一家以全过程绿色建筑评价、研究、咨询为核心的专业机构。为生态城完成了所有建筑的绿色建筑全过程评价与技术审查，在不断地探索尝试中，逐渐形成了基于绿色可持续发展城区的各项解决方案。

## 5　总结

在“碳达峰、碳中和”纳入生态文明建设整体布局的新时代背景下，生态城在低碳发展领域动手早、起点高，在可再生能源使用、绿色建筑等方面积累了大量成果和经验，具有一定领先优势。相继获得“国家绿色生态城区”“北方地区绿色建筑基地”“可再生能源建筑应用示范城市”“国家绿色发展示范区”“国家绿色生态城区三星级设计标识”“国家绿色生态城区三星级运行标识”等荣誉称号。

下一步，生态城将继续坚持低碳发展之路，进一步拓展可再生能源应用场景，加大力度推进超低能耗、近零能耗、零能耗建筑发展，倡导绿色交通、绿色出行，坚持打造低碳产业，建设绿色工厂，持续推广应用低碳新产品、新技术、新模式，打造一系列零碳建筑、零碳社区、零碳工厂、零碳区域（岛屿）等示范场景和项目，探索将生态城建成一座近零碳乃至零碳示范新城，为天津、国家低碳发展、实现“碳中和”提供样板。

# 江苏苏州宿迁工业园区商住区

建设主管单位：苏州宿迁工业园区规划建设局
咨 询 单 位：江苏省建筑科学研究院有限公司
项 目 地 点：江苏省宿迁市
项 目 工 期：2007 年 6 月—2021 年 1 月
项 目 面 积：3.8km$^2$

作　　　者：陈宏根、张循、刘美霞、刘国龙、王昊
苏州宿迁工业园区规划建设局

MENTION - SUSTAINABLE DISTRICT GRAND PRIZE
OF THE GREEN SOLUTIONS AWARDS 2020-21

SUZHOU SUQIAN INDUSTRIAL PARK
Suqian, China

Stakeholders

- Project Holder: Suzhou Suqian Industrial Park Planning and Construction Bureau
- Technical Consultancy Agency: Jiangsu Research Institute of Building Science Co., Ltd.

©SUZHOU SUQIAN INDUSTRIAL PARK PLANNING AND CONSTRUCTION BUREAU

DELIVERED ON THE 10TH OF NOVEMBER 2021, IN GLASGOW

Christian Brodhag,
President of Construction21

CONTEST POWERED BY

WITH THE SUPPORT OF

## 1 项目简介

江苏苏州宿迁工业园区商住区项目位于江苏省宿迁市，项目占地面积为 3.8km$^2$，目前已建和在建项目总建筑面积共 443.17 万 m$^2$，规划人口 9.8 万人，可提供就业岗位 2.1 万个，总投资约 225.7 亿元，$CO_2$ 年减排量达 17.46 万 t。2021 年获得第八届 Construction21 国际“绿色解决方案奖”—“可持续城区解决方案奖”国际特别提名奖。园区是“从新加坡跨海而来，引领宿迁开放的新高度；从苏州溯河而上，示范苏北开发的新模式”的重点实践项目。园区由新加坡邦城顾问有限公司参与规划设计，由苏州工业园区派驻管理团队，在发展理念、管理模式等多方面借鉴与复制了新加坡和苏州工业园区的成功经验。成立至今连续 11 年蝉联“南北共建园区”全省第一，成为远近闻名的一处“苏北好江南”（图 1、图 2）。

图 1　园区俯视图

图 2　园区鸟瞰图

## 2 可持续发展理念

### 2.1 节能减排

优化能源消耗：在项目建设过程中，充分考虑能源、经济、社会、环境的协调发展；实施可持续发展战略，降低能源消耗。从战略和全局的高度统筹规划、科学管理，实现能源消耗的优化。

余热废热利用：项目供暖、通风与空调系统的水系统、风系统采用变频技术，提高能效水平；合理采用蓄冷蓄热系统；建筑内实施分区控制、新风热回收。建筑主要功能房间设置供暖、通风与空调系统末端，可根据实际需求进行温湿度独立调节，节约能源。

新建建筑节能比例：园区制定绿色建筑发展规划，结合江苏省绿色建筑要求，在 2014 年后设计项目节能率 65% 的建筑面积占比为 100%，积极推进节能率 75% 建筑及超低能耗建筑。新建建筑中二星级及以上绿色建筑设计标识项目建筑面积占比为 100%。

可再生能源利用：园区太阳能光热资源良好，适宜发展太阳能热水、太阳能光伏等建筑应用技术。区域地质条件好，地埋管换热和地下水换热等浅层地热能利用的形式均适宜开发利用。项目内住宅建筑全面采用太阳能热水系统提供生活热水，公共建筑实施可再生能源三选一，可再生能源建筑应用面积达 1315449.68m$^2$，实现年节能量 13907343.60kW · h，年减碳量 9217.09t。

## 2.2 保护生物多样性

宿迁重视城市生态空间保护，生物多样性丰富，综合物种指数≥ 0.60，本地木本植物指数≥ 0.80，2019 年宿迁市被评为“国家生态园林城市”。宿迁围绕打造林荫、彩色、花园、海绵“四个城市”目标，加快推进民生园林建设，精心打造城市特色景观，城市个性逐渐凸显，人居环境持续优化，在第五届全国文明城市中名列第一。

园区规划建设通过城市绿地系统植物物种多样性的培育，促进生物多样性保护、改善生物与环境的相互关系，提高人居环境质量，为城市可持续发展创造条件（图 3）。

图 3　园区景观绿化

## 2.3 降低环境影响

优化资源利用：高效管理和运用土地资源，实现利用效率的最大化；提高数字化服务水平，赋能城市治理体系的智能化、精细化。

绿色建材使用：提升建筑中的可再利用材料和可再循环材料用量，其中绿色建材使用占比为 42.26%。鼓励建筑在土建施工和装修阶段选用绿色产品和绿色建材。

减排策略目标：全面提升绿色建筑管理水平，积极拓展建筑可再生能源应用形式，加快推广高效减碳技术产品，合理引导低碳生活方式变革，确保园区碳排放于 2030 年前达到峰值，于 2060 年前实现“碳中和”。

# 3 技术措施

## 3.1 中新合作

苏州工业园区是中国和新加坡两国政府的重要合作项目，是“国际合作成功范例”。苏州宿迁工业园区是苏州工业园区“飞地经济”的典型项目。从新加坡到苏州再到宿迁，延续国际生态理念。新加坡邦城规划顾问有限公司、麦肯锡管理咨询公司参与概念规划、产业规划和城市规划编制；同时借鉴新加坡“亲商亲民亲环境”经验，打造现代、智慧、园林城市。

## 3.2 双城共建

苏州宿迁工业园区是江苏省委、省政府落实国家区域协调发展战略、推进“省内全域一体化”发展的重要载体，是江苏省构建“双循环”新发展格局中内循环格局的重要抓手，也是苏州、宿迁两市最重要的合作项目和苏州工业园区第一个“走出去”项目。

苏州宿迁工业园区主要依托苏州工业园区组织实施开发、建设、管理，由苏州工业园区派驻专业团队，参照借鉴新加坡城市建设经验、苏州工业园区发展模式进行管理。组建相对独立、具有开发区功能与权益的管理机构和具备市场运作主体功能、可独立投融资的开发主体，实施滚动式开发。苏南传理念、转项目、带资金，苏北提供要素支撑、发展环境保障。延续苏北文脉的同时，注入苏南文化元素，实现双城特色共建。

### 3.3 苏北水城

项目规划时充分梳理、利用现状水系资源，结合“江南水乡”主题建设绿地公园，形成园区中央绿化景观核心，并配套建设邻里中心，建设滨水宜居社区，提升园区整体环境品质和生活质量。规划设计阶段保留区域内原有水系，注重湿地保护，构建完善的海绵城市技术体系，打造苏北水城（图 4）。

### 3.4 文化传承

宿迁市位于江苏省北部，自古便有“北望齐鲁、南抵江淮、居两水中道、扼二京咽喉”之称。苏州宿迁工业园区注重对地区文化特征的提炼提升，在延续苏北地方文脉的同时，注入苏南文化新元素，借鉴新加坡先进的经营和管理方式，塑造全新的人文特色区域。园区重视新文化载体系统的建立和完善，把握园区特有的建设历史、时机、城市结构布局、经济发展等核心内容，配合园区的特点，建设个性化特色建筑和景观，实现城市布局重塑、水乡文化传承等目标。注重对古建筑进行保护性开发，包括始建于“康乾盛世”的前大庵寺和体现宿迁传统民居文化的双庄民居，保留历史记忆，打造文化新地标。

### 3.5 规划引领

园区形成了“总规 + 控规 +16 项专项规划 +5 项绿色生态规划”的规划体系，从功能定位、土地利用、规划用地、空间景观、市政公用设施、综合防灾、环境保护等多个方面着手，旨在前瞻性地统筹规划，优化用地布局结构，完善基础设施配置，坚持可持续发展战略，满足高起点、高标准、高水平的战略要求。规划适应区域未来发展的需要，布局结构保持灵活性，坚持生态工业的原则，因地制宜地结合当地社会经济与环境资源条件，保护城市生态环境的同时，加快园区经济增长方式转变和工业系统的生态重组，全面推进生态环境建设与产业经济发展齐头并进。

### 3.6 配套先行

建成“九通一平”配套体系，优化路网结构，城市路网密度达到 8.16m/km$^2$。交通系统由干路、次干路、支路组成，形成二纵三横的道路网，在中心区地带采用较密的支路网，在居住用地支路密度则相对较疏，整个支路道路网疏密有致，能使资源配置得到最大优化。商住区范围 500m 半径内实现公交 100% 全覆盖。实现“生态共享，服务共享”，打造 10min 都市生活圈（图 5）。

园区建设符合现代都市的多元功能复合发展趋势和要求，强调功能集聚复合和互动，增强城市活力。功能布局采用空间组团结构，中间地带发展中心商务区，在外围形成 4 个居住组团和 4 个邻里中心（图 6），公共配套完善，教育资源配置合理（图 7），生活服务功能齐全。充分体现了“生态共享、服务共享”的理念，遵循人与自然和谐共处的城市建设科学发展观。

### 3.7 智慧园区

园区建立智慧城市系统，智慧园区系统聚焦城运中心和城运系统，通过数据汇集、智能

图 4　苏北水城

图 5　市政道路

图 6　邻里中心

图 7　教育资源

融合、流程再造、科技赋能等体系建设，运用城市管理手段，实现管理模式和管理理念的创新发展。智慧园区涵盖感知中心、研判中心、预警中心、决策中心、指挥中心五大功能，以实现促进城市高效治理、保障城市安全有序运行的目标。

### 3.8　绿色新城

园区积极探索工业园区绿色生态化转型发展路径，本着和谐共生、健康安全、永续发展的宗旨，从生态友好和健康舒适等方面进一步提升园区绿色建筑的性能和品质，提升园区绿

图 8　朗诗蔚蓝绿色小区

图 9　万科未来之光绿色小区

色生态开发水平，增强人居环境的健康舒适感和幸福指数，以“绿色生态、弹性高效、和谐共创”为核心理念，打造江苏省乃至全国范围内的绿色生态示范园区（图 8、图 9）。园区同步强化相关配套能力建设，于 2020 年立项省级科研项目《苏州宿迁工业园区绿色生态转型发展路径研究与实践》，对绿色生态化转型发展技术路线开展深入研究。

## 4 参与单位工作介绍

苏州宿迁工业园区规划建设局：为苏州宿迁工业园区管理委员会下属城市规划建设行政管理机构，负责园区行政管辖范围内的规划、建设、国土、房产、环保、城管等行政管理职能。规划建设局严格落实闭合管理，在建筑全寿命周期内落实绿色管理，推进建筑绿色建造、加大可再生能源应用力度、提升建筑能效水平，对推动苏州宿迁工业园区建筑领域绿色发展做出重要贡献。

江苏省建筑科学研究院有限公司：国家创新型试点企业、全国文明单位，为国内建设行业规模较大、产业化程度较高的综合性科学研究和技术开发机构，主要开展建筑设计、建设监理、工程检测与鉴定、建筑节能与绿色建筑、特种工程施工技术、建筑物诊断与处理、技术培训等专项业务。作为园区的技术支撑单位，参与绿色建筑高品质示范区、健康社区、绿色建筑、超低能耗建筑、既有建筑绿色化改造、智慧城市等技术服务工作。

## 5 总结

苏州宿迁工业园区通过 15 年的建设发展，产生了显著的经济、社会、环境效益。经济效益方面，园区通过营造优良的招商引资环境，吸引多家龙头企业连续追加投资；同时带动本地企业快速成长。社会效益方面，园区环境宜居、生态多样、空气品质优良、职住均衡、配套完善、人居幸福指数较高，在苏北地区具有较好的示范引领作用。环境效益方面，园区逐步提升建筑能效，推广应用可再生能源，倡导绿色交通出行，年减少碳排放 17.46 万 t，为实现双碳目标奠定了良好基础。

在建设过程中通过不断总结提炼，园区形成了可推广、复制的几点经验：

规划引领：园区始终坚持先规划后建设原则；坚持可持续发展战略；满足高起点、高标准、高水平的战略要求。

高效管理：园区借鉴新加坡的先进管理理念，由苏州工业园区派驻管理团队，通过细化拿地指标、落实全过程管理服务、提升公众参与度等措施，实现高效管理。

经济发展：园区是苏州工业园区“飞地经济”的典型项目，坚持做大、做强核心产业；提升产业准入标准，实现经济总量快速攀升。

技术创新：园区是全国首批健康社区设计标识金级项目、江苏省首批高品质绿色建筑示范区、江苏首个传统建筑与超低能耗建筑技术体系集成应用项目，对苏北地区乃至全省、全国的绿色城区发展具有一定的示范引领意义。

# 天津市东丽湖温泉度假旅游区金融小镇

开发单位：天津市东丽湖旅游开发总公司
　　　　　天津市丽湖投资发展有限公司
咨询单位：中国建筑科学研究院有限公司天津分院
项目地点：天津市东丽区
项目工期：2015年1月—2022年12月
项目面积：44.3km$^2$

作　　者：魏慧娇[1]、王瑜[2]、雒婉[2]
　　　　　1. 中国建筑科学研究院有限公司；
　　　　　2. 中国建筑科学研究院有限公司天津分院

**SUSTAINABLE CITY GRAND PRIZE**

The Sustainable City Grand Prize
of the Green Solutions Awards 2017 China is awarded to:

**Financial Town of Tianjin Dongli Lake Hot Spring Tourism Resort**

- Contractor: Tianjin Dongli Lake Hot Spring Tourism Resort
- Engineering consultancy: China Academy of Building Research Tianjin Institute

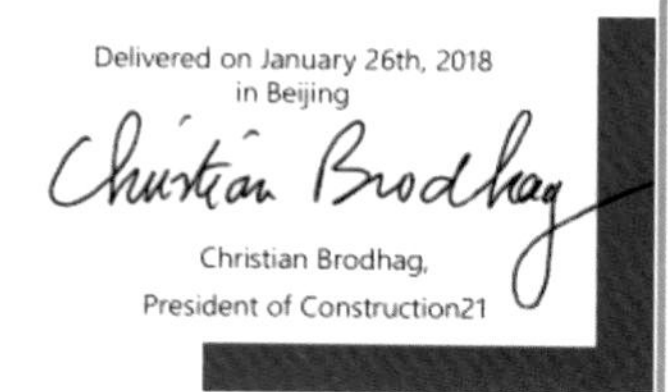

## 1 项目简介

天津市东丽湖温泉度假旅游区金融小镇项目位于天津市东丽区，由天津市东丽湖旅游开发总公司负责开发建设，总占地面积 44.3km²，总建筑面积 2068.32 万 m²，2017 年获得第五届 Construction21 国际“绿色解决方案奖”——“可持续城区解决方案奖”国际入围奖。

天津市东丽湖温泉度假旅游区金融小镇定位为“一镇两区三平台”，形成全国首家金融科技小镇、重要私募股权投资基金集聚区、京津冀金融创新示范核心区，建设成为服务科技创新的科技金融创新平台、集聚新金融机构和新金融人才的高端金融生态平台、探索金融服务业扩大开放的金融服务示范项目。

天津市东丽湖温泉度假旅游区金融小镇规划设计围绕“生态之旅”概念展开，强调“生态”“湖”“生活”“水疗”“会议”“居住”六大功能。设计愿景为转变经济增长方式、推进产业竞合发展、关注高端人才成长，实现“三个全区领先”，即综合实力全区领先、科技发展全区领先、高端人才储备全区领先；争当“三个全市先进”，即生态环境全市先进、文化发展全市先进、社会管理全市先进。创建国家级旅游生态示范区，努力把区域建设成环境友好、生态文明的科学新城、智慧新城、创新新城（图 1）。

## 2 可持续发展理念

天津市东丽湖温泉度假旅游区金融小镇通过全面执行建筑节能标准，推进绿色建筑、零碳建筑建设，能源梯级及可再生能源等技术充

图 1 天津市东丽湖温泉度假旅游区金融小镇鸟瞰效果图

分利用，全方位开展区域节能工作。区内可再生能源利用形式包括地热能、太阳能光伏、太阳能热水等，可再生能源利用量占能源需求总量的百分比达到12%以上，每年减排二氧化碳约37544t。

区域为水域－陆地复合开放型生态系统，现存植物60余种，分属28个科，繁衍的鸟类数十种，形成了和谐、稳定的自然湿地生态区域。通过开展绿化提升项目，选择抗旱、耐盐碱、耐贫瘠等适生乡土植物，改善城市生态环境，满足居民日常休闲游憩需求，保护生物多样性及稳定性。

区域从生态保护、环境绿化、污染控制入手实现城区环境生态优化。以“天蓝、地绿、水清、气爽、街净、路畅、灯明”为目标，至“十三五”末，东丽湖累计绿化面积达到950万$m^2$，累计树木达到100万株。区域按照100%绿色施工的建设要求管理，减少城区扬尘；区域供热热源采用“地热为主＋燃气调峰”，减少传统能源使用，降低碳排放。同时，进一步完善公共交通设施规划建设，设置清洁能源旅游专线公共交通，鼓励绿色出行，减少汽车尾气排放对空气的污染。积极治理与维护城区空气质量状况，稳步建设生态城区，保障区域环境空气质量良好天数。相关指标参见表1。

表1　天津市东丽湖温泉度假旅游区金融小镇关键指标

| 指标 | 单位 | 数据 |
| --- | --- | --- |
| 绿地率 | % | 40 |
| 绿化覆盖率 | % | 45 |
| 综合物种指数 | | 0.5 |
| 本地木本植物指数 | | 0.7 |
| 功能区最低水质指标 | | 《地表水环境质量标准》GB 3838 Ⅳ类要求 |
| 环境噪声区达标覆盖率 | % | 100 |
| 可再生能源供应量在一次能源消耗中的占比 | % | 12 |
| 城区供水管网漏损率 | % | 8 |
| 城区市政再生水管网覆盖率 | % | 100 |
| 非传统水源利用率 | % | 20 |
| 绿色交通出行率 | % | 70 |
| 居民宽带网络接入率 | % | 100 |
| 城区公共设施免费开放率 | % | 100 |
| 年径流总量控制率 | % | 75 |
| 装配式建筑占比 | % | 30 |
| 二星级以上绿色建筑在新建建筑面积中的占比 | % | 30 |

# 3 技术措施

## 3.1 生活质量

### 3.1.1 生活便捷

在生活便捷方面，优化并推进便民商业、服务进社区，打造十分钟便民生活圈。在经济发展方面，建立高效便捷信息沟通渠道，提供便捷的融资环境，实现金融小镇人才、资本、技术等创新资源有效聚合。在市政管理方面，公共场所及道路交通无障碍设施配套建设完善（图 2~ 图 4）。目前已实现垃圾处置机械化、管理科学化和环卫科技现代化，城市道路洗扫率、道路全日保洁率、公厕及果皮箱保洁率、垃圾清运率、垃圾无害化处理率达到 100%。

### 3.1.2 交通便捷

在广域交通层面，随着京津冀交通一体化发展，东丽湖金融小镇 1 小时经济圈可覆盖京津冀大部分重点区域；内部交通形成“海、路、空、轨”多层次交通体系，公共自行车先期设置政府投资租赁点，积极引入第三方投资共享单车，逐步全区覆盖，形成“慢行 + 公交”无缝衔接交通系统，实现“东丽湖金融小镇”公共交通出行率达到 70% 以上（图 5）。

## 3.2 能源资源利用

### 3.2.1 可再生能源利用

“东丽湖金融小镇”能源需求主要包括建筑、产业、交通和市政，从能源系统设计、运

图 2　万科城实拍图

图 3　健康产业园

图 4　北大附中天津东丽湖学校

图 5　慢行步道实拍图

营管理和能耗监管多方面来提升建筑能源利用效率。采暖以地热为主、燃气调峰，地热全面开采后供热面积占比达到 20% 以上，其中部分公共建筑、居住建筑采用地热站集中供热；居住建筑采用太阳能光热技术为部分住户提供生活热水；在环湖路上采用风光互补路灯形成可再生能源应用示范；建立分布式光伏、电池储能能源站，通过园区型绿色能源网运行调控平台，使园区供冷、热网络成为清洁能源的输出端（图 6）。经计算可知，“东丽湖金融小镇”可再生能源利用量在能源需求总量中的占比达到 12% 以上。

图 6　可再生能源应用效果图

#### 3.2.2　水资源管理

“东丽湖金融小镇”西侧地块规划建设南部再生水处理厂，可提供再生水量 $2.5\times10^4$t/d，区域再生水管道已经敷设完成，区域内再生水主要用于绿化灌溉、道路浇洒和城市杂用水等，非传统水源利用率可达到 20%。城区生活污水收集处理采用源头控制、末端管理、污染存量治理的水环境管理办法，改善、修复城区内水质现状，城市污水处理率达到 100%。

#### 3.2.3　固废资源化利用

区域内设置垃圾转运站、基层环卫机构、垃圾中转站、垃圾收集转运站等垃圾回收设施，全面推动垃圾分类收集、分类运输、分类处理工作及固体废弃物资源化处理中心规划建设，生活垃圾无害化处理率达到 100%。监督管理区域内建筑垃圾处理，编制绿色施工管理规定，积极推动东丽湖堆山公园建设，就地消纳城区的建筑垃圾。推广装配式建筑建设，采用工厂化生产的预制构件，装配式建筑占比达到 30% 以上，实现建筑垃圾的减量化。区域发展远期，建筑垃圾分类收集率可达到 100%。

### 3.3　智慧城市建设

#### 3.3.1　智慧云数据中心

“东丽湖金融小镇”引入华为云计算数据中心，共建云计算、大数据、生命健康、金融服务等云平台（图 7），助力打造以智能科技

图 7　华为签约仪式

产业为核心的“天津智港”。“东丽湖金融小镇”将网络通信、智慧家电、家庭安防、物业服务、社区服务等整合在一个高效的系统中，实现社区智慧化管理和服务。居住区结合人防要求建设地下车库以满足居民停车需求，鼓励商场停车位对外开放。

#### 3.3.2 智慧政务信息系统

区域建立水务信息系统、大型公建能耗监测系统，分析节能潜力，实现节能减排。市政照明采用节能灯具和风光互补路灯等新型照明用具，并采用智能化控制体系实现对照明系统的调节。

区域建立起自然环境资源的数字化监测信息系统，包括自然人文景观查询系统、观光旅游行程规划系统、旅游区深度“导览”系统、区内稀有动植物查询系统等，供政府决策和执行人员、科研及教学单位、旅游者共享。

#### 3.3.3 智慧能源电网

区内重点项目“国家电网公司客户服务中心北方基地”，以分布式光伏发电系统在自身负荷消纳的同时实现园区分布式发电的能量存储，使园区供冷、热网络成为清洁能源的输出端，实现园区内多种能源分散供给和网络共享（图 8、图 9）。该园区绿色复合型能源网的建设，推动了整个“东丽湖金融小镇”能源互联网的研究与建设。

### 3.4 经济发展

#### 3.4.1 当地发展

“东丽湖金融小镇”大力发展科技服务业、电子商务、服务外包、文化旅游四大主导产业，重点发展私募股权投资和金融科技业态，吸引私募股权投资基金和金融科技企业注册入驻，配套吸引传统金融机构和中介服务机构落地办公。目前，区域内已集聚私募股权投资基金、传统金融机构、中介服务机构超过 500 家，实现资金管理规模 1500 亿元人民币，营造了良好的投融资氛围；集聚了金融科技企业、高新技术企业超过 100 家，实现了超千名金融类、科技类高端人才集聚办公，对外打造成全国首家金融科技小镇品牌（图 10）。

#### 3.4.2 循环经济

“东丽湖金融小镇”探索“生态保护与旅游发展相结合”可持续发展模式，湖区周边配套一方面实现节能、环保、生态，与湖区形成良好的生态保护互动；一方面实现“吃、住、行、

图 8 国家电网实拍图

图 9 国家电网公司客户服务中心北方基地园区效果图

游、购、娱”等旅游功能，为湖区生态旅游提供良好的支撑。实现了生态保护、社会效益及旅游发展的多赢，其发展模式在同类型的生态旅游示范区创建中具有极大的示范价值。重点布局“新兴高端技术＋传统金融服务”的金融科技产业链，把握金融服务创新改革的原动力。“东丽湖金融小镇”能够提供创业支持平台，通过建立小镇创新孵化器、众创空间、创业服务机构以及投融资信息对接平台，构建“创新—创业—创投”生态链，构筑创新创业的良好环境，带动创新创业的高速发展（图 11~ 图 13）。

## 4 参与单位工作介绍

天津市东丽湖旅游开发总公司：负责“东丽湖金融小镇”的开发建设、土地整理、基础设施施工及相关项目的投资建设；城市规划、策划、设计、咨询服务和预决算。作为小镇运营和开发建设单位，坚持市场化运营，组建专业工程开发和金融招商团队，负责小镇整体运营和开发建设落地工作。

天津市丽湖投资发展有限公司：从顶层战略角度开展“东丽湖金融小镇”各项工作，推进重点项目开展和落实。与天津市东丽湖管理委员会加强协调配合，在完善规划实施方案、引进高层次人才和生态环境保障等方面形成合力，促进金融与科技相结合。

中国建筑科学研究院有限公司天津分院：结合项目特色及概况，按照绿色生态建设要求，从生态环境、资源能源节约、绿色交通、绿色建筑等方面编制本区域低碳指标体系、绿色生态城区及海绵城市专项规划及相应实施方案，

图 10　清华高端园鸟瞰图

图 11　落户企业签约仪式

图 12　冰雪馆效果图

图 13　华侨城实拍图

并为规划及指标落实提供全过程技术支持。

## 5 总结

（1）社会效益

区域绿色生态城区建设完成后还将接纳更多旅游人员，届时本区域将作为展示天津市绿色建筑及生态城区发展成果的重要窗口，宣传天津市绿色建设成果、推广绿色低碳生活理念，具有良好的社会效益。

（2）经济效益

区域内，目前已集聚私募股权投资基金、传统金融机构、中介服务机构超过500家，实现资金管理规模1500亿元人民币，营造了良好的投融资氛围；集聚了金融科技企业、高新技术企业超过100家，实现了超千名金融类、科技类高端人才集聚办公，对外打造成全国首家金融科技小镇品牌。

（3）环境效益

东丽湖植物年固碳量为25.29万t；东丽湖年节约自来水用量为1704.77万$m^3$；东丽湖绿色出行每年减少二氧化碳排放约23万t；金融小镇可再生能源利用占比达12%，每年减少二氧化碳排放约3.75万t。

# 广州南沙灵山岛片区

开发单位：广州市南沙新区明珠湾开发建设管理局
咨询单位：中国建筑科学研究院有限公司
项目地点：广东省广州市
项目工期：2014 年 8 月—2020 年 12 月
项目面积：3.485km$^2$
作　　者：林丽霞[1]、冯露菲[1]、陈真莲[2]
1. 中国建筑科学研究院有限公司；
2. 广州市南沙新区明珠湾开发建设管理局

## 1 项目简介

广州南沙灵山岛片区项目位于广州市南沙新区，是南沙绿色自贸区重要组成部分。由广州市南沙新区明珠湾开发建设管理局负责区域开发、建设及运维管理工作，总占地面积为 3.485$km^2$，总建筑面积 458 万 $m^2$。项目 2019 年获得第七届 Construction21 国际“绿色解决方案奖”——“可持续城区解决方案奖”国际入围奖，2019 年 8 月获得国家级绿色生态城区三星级设计标识，2020 年 11 月获得保尔森可持续发展奖绿色创新类别优胜奖，2020 年 12 月获得亚洲都市景观奖。

灵山岛片区整体功能定位为金融商务发展试验区，重点发展总部经济、金融服务和商业服务。主要由 C1、C2 两个控规单元构成，C1 单元占地 184.3$hm^2$，主要定位为国际综合性社区；C2 单元占地 164.2$hm^2$，主要定位为金融商务总部办公区。片区整体规划建设围绕“绿色生态、低碳节能、智慧城市、岭南特色”十六字方针，片区建设拟推动粤港澳金融服务合作发展，以服务珠三角、面向世界的珠江口湾区中央商务为愿景。其中，灵山岛片区总体绿色生态建设愿景为：坚持“创新、协调、绿色、开放、共享”五大发展要求，贯彻“绿色生态、低碳节能、智慧城市、岭南特色”规划建设理念，以自然禀赋、资源能源为基础，以因地制宜的绿色生态技术为依托，推进绿色生态城市建设工作开展，创建国家级绿色生态城区，打造生产、生活、生态良好融合的绿色低碳智慧城（图 1）。

图 1　灵山岛片区全景图

## 2 可持续发展理念

广州南沙灵山岛片区自启动规划建设至今，始终践行可持续发展理念，聚焦绿色建筑、能源利用、固体废弃物再生、绿色交通、绿色金融等领域开展多项绿色低碳发展工作。在多项措施合力作用下，区域构建资源节约生产方式，健全激励和约束制度，增强可持续发展能力，实现了单位国内生产总值能耗降低16%、二氧化碳排放降低17%、每年减排二氧化碳约22.83万t的效果，落实了高质量发展要求，对于实现2030年“碳达峰”、2060年“碳中和”有着重要的推动作用。

灵山岛片区为南沙湿地生态培育主要基地，南沙湿地是广州市大面积海岸湿地之一，对广州海滨城市发展具有重要作用。动植物资源丰富，拥有植被100余种，动物以鸟类和鱼类为主，共有鸟类20余种、鱼类100余种。区域通过开展硬质驳岸生态系统培育工作及高品质湿地生态体系建设研究，营造具有自由生长能力、景观优美的生态堤岸，提高水体透明度、河道及湖泊自净能力管理水平，提供具备可行性的技术方案，实现高品质水域生态。营造“草长莺飞、树绿鸟鸣”的自然生态系统，为生物创造生活空间，保证生物多样性。

根据南沙区发布的气象数据，灵山岛片区近10年平均空气优良率为88.4%；区域以金融产业为核心，发展总部经济，区域内无工业污染源，从根本上保证了区域空气质量（表1）。在建设过程中实施最严格的生态环境保护政策。在空气环境质量方面，加强区域大气环境质量监测，采取有效措施降低污染，加强施工扬尘治理，严格按照“围、洗、洒、硬、绿、盖”方针，监管施工现场，加强生活废气和汽车尾气的治理，提高城市绿化程度，创建新型绿色城市。在噪声污染防治方面，应用吸声减噪路面，道路设置绿化带，采取加强交通车辆管理以及在环境功能区敏感点设置隔声屏障、安装隔声窗等措施进行控制（图2、图3）。

表1 灵山岛片区关键指标

| 指标 | 单位 | 数据（小数点后保留两位） |
| --- | --- | --- |
| 城区市政路网密度 | $km/km^2$ | 9.50 |
| 绿地率 | % | 38.18 |
| 绿化覆盖率 | % | ≥ 40% |
| 综合物种指数 | | ≥ 0.70 |
| 本地木本植物指数 | | 90.40 |
| 功能区最低水质指标 | | 达到Ⅳ类 |
| 环境噪声区达标覆盖率 | % | 100 |
| 可再生能源供应量在一次能源消耗中占比 | % | 8.12 |
| 城区供水管网漏损率 | % | ＜ 8 |
| 城区市政再生水管网覆盖率 | % | 100 |

续表

| 指标 | 单位 | 数据（小数点后保留两位） |
| --- | --- | --- |
| 非传统水源利用率 | % | 13.33 |
| 城区生活污水收集处理率 | % | 100 |
| 绿色建材使用占比 | % | 50 |
| 生活垃圾资源化率 | % | ≥ 50 |
| 垃圾无害化处理率 | % | 100 |
| 绿色交通出行率 | % | 76 |
| 公交站点 500m 覆盖率 | % | 100 |
| 轨道交通 800m 覆盖率 | % | 97 |
| 居民宽带网络接入率 | % | 100 |
| 城区公益性公共设施免费开放率 | % | 100 |
| 年径流总量控制率 | % | 72 |

图 2　灵山岛片区艺术栈道

图 3　灵山岛片区瀑布广场

## 3　技术措施

### 3.1　制度创新，为绿色生态工作开展奠定基础

#### 3.1.1　开发管理模式创新

区域开发机构为广州市南沙区明珠湾开发建设管理局，统筹区域的开发建设运营，能够作为区域唯一的对外发布和管理平台，做到出口统一、城市建设阶段连贯、生态建设持续跟进，可通过管理局平台持续跟进（图 4、图 5）。

#### 3.1.2　绿色生态总设计师制度

片区首创绿色生态总设计师制度，前瞻性探索绿色低碳城区建设模式，有效地解决了城区规划、建设、运营衔接不充分，专业各自为政，效率低，生态效益不合力等问题，强化了片区生态统筹的力度。其生态总设计师工作模式、工作流程能够在以绿色低碳发展为目标的新建城区绿色低碳开发建设中有效促进生态效益应用，内容值得在新建区域或既有改造区域中借鉴推广。

#### 3.1.3 绿色低碳建设模式创新

片区按照“顶层设计 + 中层衔接 + 底层落实”绿色生态“三步走”建设模式，探索了从顶层规划到底层实施的总体路径，明确了绿色生态可持续发展的建设方式，摸索出区域发展绿色生态的全新模式。采用全流程、全阶段模式，且通过灵山岛片区 7 年的建设实践和实际效益验证，该模式能够有效地推进区域绿色生态逐步推进落实（图 6）。绿色生态“三步走”发展模式适用于新建区域或既有改造区域。

### 3.2 技术体系完善

为保证目标到实施的有效衔接，在总体建设模式基础上搭建相应的工作架构和落实体系，确保生态建设目标融合到明珠湾起步区域市总体发展目标中，达到精准施策、有效落地的目标。目前，明珠湾开发建设管理局编制“1+5+$N$”绿色生态落实体系，主要为 1 套低碳顶层指标体系；绿色交通、绿色能源、绿色市政（水资源）、绿色建筑、固体废弃物 5 套专项规划；$N$ 个具体落实的技术导则及落实方案，包括绿色建筑规划、设计、施工、运维全过程技术文件，海绵城市系统化落实方案和技术导则体系，绿色低碳落实实施方案。技术体系系列成果将减碳要求有机落实到具体工作，确保减碳、生态目标逐层落地（图 7）。

### 3.3 注重城市安全，提升城市韧性

#### 3.3.1 岭南特色超级生态堤岸

生态堤建设技术结合珠江出海口独特的潮汐特征，以宽度换高度理念建设防洪超级堤，

图 4 明珠湾展览中心

图 5 明珠湾广场

图 6 水舞广场

图 7 渔人码头

利用绿化、多级平台等形式加宽堤岸缓冲距离、提升缓坡递增高度，缓冲风暴潮导致的海水越浪对堤岸的冲击力，起到消浪效果，进而可通过结构优化降低堤顶高程。超级生态堤由河岸、堤身、绿化带和市政道路构成，与传统堤防相比较，堤防宽度达数十米至数百米，具有安全性高的特点；且由于堤顶高度的降低，水岸与城市空间可相互融合，营造了开放且具有层次的滨海空间，避免传统水利堤岸“围城”的情况。同时，将滨水步道、自行车绿道、滨海公园、休闲娱乐设施建在其中，构建融合娱乐休闲与防洪功能于一体的现代岭南特色海岸。开展生态培育工作，生态堤岸具有自由生长能力且景观优美（图 8）。

### 3.3.2 海绵城市建设

灵山岛片区积极推进大小海绵共存的海绵城市建设。大海绵方面，充分利用明珠湾“五水汇湾”、河涌密布特征和良好的生态本底，采用高效截污使片区内主要河道水体水质达到三类水以上；规划“强排 + 自排 + 调蓄”的排涝体系，保障区域整体防涝安全，防洪 200 年一遇，排涝达到 50 年一遇暴雨 24h 排干不成灾的建设标准。小海绵方面，制定海绵城市实施方案，分解海绵城市指标，保证指标落实（图 9）。海绵城市指标见表 2。

图 8　灵山岛片区超级生态堤

表 2　海绵城市指标

| 序号 | 类别 | 总体控制指标 | 细化控制指标 | 定性要求 |
|---|---|---|---|---|
| 1 | 水生态 | 年径流总量控制率 | 年径流总量控制率 | ≥ 70% |
| 2 | | | 下凹式绿地率 | ≥ 50% |
| 3 | | | 透水铺装率 | ≥ 70% |
| 4 | 水环境 | 水环境质量达标率 | 水环境质量达标率 | 100% |
| 5 | | 城市污水处理率 | 城市污水处理率 | 100% |
| 6 | | 径流污染削减率 | 径流污染削减率 | 52.3% |

续表

| 序号 | 类别 | 总体控制指标 | 细化控制指标 | 定性要求 |
| --- | --- | --- | --- | --- |
| 7 | 水资源 | 污水再生利用率 | 污水再生利用率 | 15% |
| 8 | | 雨水资源利用率 | 雨水资源利用率 | 3% |
| 9 | 水安全 | 城市防洪标准 | 城市防洪标准 | 200 年一遇 |
| 10 | | 城市排水防涝标准 | 城市排水管渠标准 | 50 年一遇 |

图 9 灵山岛片区雨洪公园

片区根据住房和城乡建设部《海绵城市建设绩效评价与考核办法》《海绵城市建设监测标准》等监测标准要求，结合灵山岛片区海绵城市建设现状与实际需求，选取典型排水分区，构建“源头—过程—末端”的监测体系，采用在线监测和人工监测相结合的模式，开展区域排口、受纳水体、管网关键节点、典型项目与设施的水量、水位和水质的监测，结合实时监测数据进行海绵城市建设效果评估，定量化考核评估海绵城市建设对水资源、水生态、水环境的维持和改善效果（图 10）。

## 3.4 响应“碳中和”，全方位节能减碳

### 3.4.1 绿色建筑建设

片区积极推动绿色建筑建设，2017 年获得广州市绿色建筑、绿色施工示范区荣誉称号，区域 100% 建设绿色建筑，规划到 2025 年高星级绿色建筑达到 80%。片区绿色建筑建设形成“技术 + 管理”双效支撑体系。管理方面：绿色建筑开发目标随土地出让条件下发给开发单位，保证绿色建筑建设质量和建设效果，并通过“生态总师”指导区域绿色

图 10　灵山岛片区海绵监测

图 11　灵山岛片区九年一贯制学校

图 12　灵山岛片区中交汇通中心

建筑相关工作。技术方面：为保证绿色建筑建设质量，编制涵盖规划、设计、施工、竣工验收的全过程技术文件，下发给区域开发单位参考执行（图 11、图 12）。

### 3.4.2　近零能耗建筑示范

片区内多方面开展节能降碳尝试工作，片区内公交站场开展近零能耗建筑示范，目前已获得“近零能耗建筑”标识证书，是广州首座

“近零能耗”公交站场建筑，结合公交车站周边雨洪公园景观，基本实现公交站场用地范围内“碳中和”（图 13）。

#### 3.4.3 分布式能源站建设

积极推进分布式能源站建设，在城市负荷中心建设冰蓄冷电制冷方式的能源站，供能范围为 41.5 万 $m^2$，提高了能源利用效率，并且为夏热冬暖地区采用集中供冷提供了样例和参考，实现年减碳 22.83 万 t（图 14）。

### 3.5 开展固废资源化利用，实现可循环再生

#### 3.5.1 建筑废弃物利用

片区成立建筑废弃物再生利用处理中心，处理后用于制作建筑材料，使建筑垃圾再生利用率达到 80% 以上。

#### 3.5.2 淤泥资源利用

淤泥是滨海地区特有的资源，灵山岛片区开展淤泥资源规模化利用，改良淤泥弃土后全部用于路基填土或绿化种植土。采用集中处理模式，处理淤泥量 50 万 $m^3$，直接经济效益为 270 万元。用于绿化种植后，进一步节约区域景观建设费用，经济效益更加明显（图 15）。

### 3.6 构建高效智慧城市平台，打造“智慧南沙”先行示范

#### 3.6.1 一流网络基础设施建设

片区规划 14 个站点连片试点物联网网络，按照 100% 绿色机房标准建设 3 个通信核心机房，规划使用年限不低于 50 年。未来将形成以千兆网络为基础，融合 5G、NB-IOT 等新型通信技术，营造国际一流的互联网基础环境。

#### 3.6.2 智慧化城市运营平台

建设集城市规划、建设、管理、运营于一体的智慧化城市运营平台，提升城市的运行效率和精细化管理水平，实现数据价值的有效利用。

#### 3.6.3 工程管理信息系统平台

明珠湾起步区开发建设工程管理信息平台是明珠湾起步区智慧城市框架下的“管理平台”中“城市建设管理”的一个重要组成部分；是明珠湾起步区落实区域城市规划设计，实现“绿色、生态、智慧”城市建设，面向建设项目综合管理的专项管理信息系统；是覆盖项目全生命周期，建设项目参建各方参与的统一协同管理平台；是为明珠湾起步区开发建设项目服务，由明珠湾开发建设管理局下属部门、授权

图 13 灵山岛片区公交站场

图 14 灵山岛片区钟楼

图 15 灵山岛片区固废资源化利用

单位以及区域各项目参建单位使用的一套多层级、多模块的建设管理综合性应用平台。

### 3.6.4 智慧水务建设

建设智能水务示范区，探索“灵山岛片区”智能水务板块，建成南沙水务管控分中心，针对防洪、雨水、供水、污水四大系统，兼顾人工湖、湿地系统，构建视频监控系统、在线监测系统、智能分析系统以及决策辅助系统，系统界面应直观友好，快速稳定，软硬件方面均预留足够的空间，为下一步总控、其他片区分控系统整合预留通道与接口。

## 4 参与单位工作介绍

广州市南沙新区明珠湾开发建设管理局：统筹协调区域内有关的规划和土地管理、建设管理、计划投资管理、招商引资等工作；负责履职区域内城市基础设施、公共服务配套设施等的运营和维护管理，探索政府和社会力量共同参与的管理模式；负责履职区域内建设项目相关行政审批的协调服务，统筹协调开发建设单位开展业务；负责协助、配合广州市人民政府有关部门、南沙区人民政府有关部门和所在镇街在履职区域内依法履行职责。

中国建筑科学研究院有限公司：编制绿色生态示范城区、海绵城市建设专项规划、指标体系及部分实施建设方案，以保护灵山岛片区的生态环境。作为政策智库，与政府机构在绿色生态城区、海绵城市、可持续发展方面形成全方位合作模式，提供咨询服务。

## 5 总结

（1）社会效益

区域绿色生态建设将为南沙、广州提供可复制、可推广的经验。片区建设完成后将形成金融产业以及总部经济集聚区，吸纳就业人数 2.64 万人，为社会各界提供高质量的服务（图 16）。片区建成后，作为南沙高水平对外开放门户枢纽的核心功能区、城市副中心的引导示范区，为中国新城代言。

（2）经济效益

按照灵山岛片区土地规划及营销策划方案，预计到2025年，片区提供商务物业建筑面积近 150 万 $m^2$、商业物业建筑面积 28 万 $m^2$、居住面积超过 100 万 $m^2$，实现居住人口 3.4 万人。灵山岛片区 GDP 规模将超过人民币 1050 亿元（占南沙区 2025 年 GDP 目标 10000 亿元的 10%~20%），提供近 13 万个就业岗位，实现税收将接近 200 亿元人民币（图 17）。

（3）环境效益

片区通过多项措施开展二氧化硫、氮氧化物、细颗粒物、挥发性有机物、臭氧等多污染物协同控制和共同减排，实现自贸区空气质量稳定达标，环境空气质量优良天数占比不低于 90%，消除重度及以上污染天气，$PM_{2.5}$ 年均浓度力争降至 30μg/$m^3$，基本实现河畅、水清、堤固、岸绿、景美的总目标（图 18）。

图 16　灵山岛片区建成后的社会效益

图 17　灵山岛片区建成后的经济效益

图 18　灵山岛片区建成后的社会效益